上扬子地台北缘小壳动物群
爆发前夕的古海洋环境

庞艳春 王绪本 林 丽 著

科学出版社

北 京

内 容 简 介

本书是对上扬子地台北缘小壳动物爆发前夕的古海洋环境特征综合研究的成果总结，扼要地介绍研究意义及研究简史，对研究区的灯影组进行详细的划分与对比，并详细描述和分析了各段岩石学特征及古生物学特征，总结了川北南江地区灯影组地层的沉积环境变化及相应的古生物演化规律；对灯影组各段地层岩石中的微量元素、稀土元素、常量元素和硅同位素特征进行分析，总结灯影组的地球化学特征变化，结合地层古生物特征及古沉积地质背景，探讨小壳动物爆发前夕的古海洋环境特征及变化。本书还讨论了壳体成分与围岩及古环境的关系；根据地层特征和地球化学特征，简要阐述了本区灯影组的含矿性特征与古环境的关系。

本书可供地质教学、科研人员以及地层古生物、沉积环境学和地球化学等专业工作者参考。

图书在版编目(CIP)数据

上扬子地台北缘小壳动物群爆发前夕的古海洋环境 / 庞艳春，王绪本，林丽著. — 北京：科学出版社，2017.9

ISBN 978-7-03-054572-5

Ⅰ.①上… Ⅱ.①庞…②王…③林… Ⅲ.①古海洋学 Ⅳ.①P736.22

中国版本图书馆 CIP 数据核字（2017）第 232362 号

责任编辑：李小锐 唐 梅 / 责任校对：韩雨舟
责任印制：罗 科 / 封面设计：墨创文化

科 学 出 版 社 出版

北京东黄城根北街16号
邮政编码：100717
http://www.sciencep.com

成都锦瑞印刷有限责任公司 印刷

科学出版社发行 各地新华书店经销

*

2017 年 9 月第 一 版　　　开本：B5（720×1000）
2017 年 9 月第一次印刷　　　印张：7.25
字数：146 千字

定价：68.00 元

（如有印装质量问题，我社负责调换）

前　　言

前寒武纪晚期—寒武纪早期是地球演化史上最重大的变革时期之一。这一时期涉及超大陆的裂解、早期生命辐射、全球生物地球化学循环以及环境变迁等一系列全球性的重大科学问题，因此前寒武系—寒武系界线地层特征一直是国际上古生物学家和地层学家最为关注的研究课题之一。

寒武纪金钉子最终在加拿大纽芬兰布伦半岛查佩尔岛组剖面建立，以遗迹化石 *Phycodes pedum* 的首次出现作为界线，是北美、北欧和中欧地区（北大西洋—太平洋区）前寒武系—寒武系界线剖面的代表（钱逸，1999）。但是，该层型剖面主要是以硅质碎屑岩相为主，剖面不完整，难以与中国扬子地台区的含有丰富小壳化石和具有可对比的稳定同位素资料的碳酸盐相界线剖面进行对比（钱逸等，2002）。

前寒武系—寒武系界线地层在中国扬子地台区出露最好，典型剖面包括云南晋宁梅树村剖面、会泽大海剖面、永善肖滩剖面（罗惠麟等，1980，1985，1991；钱逸等，1984），贵州织金戈仲伍剖面（罗惠麟等，1988），湖北宜昌三斗坪剖面（丁莲芳等，1992），陕西宁强宽川铺大河子沟剖面（丁莲芳等，1983），四川峨眉麦地坪剖面（殷继成等，1980；马叶情等，2008）等。通过剖面资料的总结可知，华南地区的前寒武系—寒武系界线位于灯影组顶部地层中（表1）。

表1　扬子地台分区的前寒武系—寒武系界线地层系统（据杨遵和等，1983，修改）

地层系统		云南晋宁地区		四川峨眉地区		陕西宁强地区		四川南江地区		湖北宜昌地区
寒武纪	梅树村阶	筇竹寺组	石岩头段（玉案山段）	筇竹寺组	马林崖段	郭家坝组		筇竹寺组	沙滩段（下段）	三段（天柱山段或黄鳝洞组）
		三段（中谊村段）	大海段		三段（麦地坪段）		三段（宽川铺段）		三段（磨坊岩段或新立段）	
			中谊村段							
			小歪头山段							
埃迪卡拉纪	灯影峡阶	灯影组	二段（白岩哨段）	待补段	灯影组	二段（高家山段）	灯影组	二段（高家山段）	灯影组	二段（高家山段）	灯影组	二段
			白岩哨段							
			一段（龙潭街段）		一段		一段（藻白云岩段）		一段（杨坝段）	一段

灯影组（Z_2-C_1d）系李四光等于1924年创建的"灯影石灰岩"演变而来的。其命名地点在湖北宜昌市西北20km长江南岸石牌村至南坨村的灯影峡（辜学达

和刘啸虎，1997）。原始定义："上震旦系灯影石灰岩：白色块状呈峭壁形的石灰岩，多少带白云质；在风化表面上有坚硬的矽质夹层突出。"现今灯影组定义为以浅灰−深灰色中厚层−块状白云岩为主，夹白云质灰岩、灰岩、硅质岩薄层及条带，时夹少量泥质页岩，富含微古植物及藻类化石，近顶部含小壳动物化石磷矿层，与下伏观音崖组白云岩夹粉砂岩或陡山沱组粉砂质页岩为整合接触，与上覆筇竹寺组或牛蹄塘组或邱家合组底部碳质页岩、粉砂质页岩或硅质岩夹白云岩呈整合或平行不整合接触的地质体。本组岩性及厚度均较稳定，以白云岩为主的宏观特征较明显，广泛出露于扬子地台的许多地区，在鄂西、黔中、滇东、川西、陕南等地尤其发育（辜学达和刘啸虎，1997）。扬子地台区的灯影组厚度一般为800~1000m。根据生物地层和岩石地层特征，灯影组可分三个段：灯影组一段（杨坝段或龙潭街段）主要为藻白云岩及微晶、泥晶白云岩，根据藻类化石又可分为三层，即下藻层、葡萄状白云岩和上藻层；灯影组二段（高家山段或白岩哨段），主要为含燧石条带的泥晶白云岩，底部常有数米至50m的碎屑岩，产褐藻及印痕、遗迹化石，顶部常有磷块岩层，该层位在陕南一带产有著名的高家山生物群，时代属于前寒武纪晚期；灯影组三段（扬子地台的不同分区分别称其为麦地坪段、宽川铺段、天柱山段、中谊村段、磨坊岩段或者新立段），一般厚20~40m，最厚达80m，主要为含胶磷矿的细晶白云岩和硅质条带白云岩，底部为含硅质条带或扁豆体的白云质灰岩及黑色薄层状硅质岩，厚10~33m，该段与下伏灯影组二段（高家山段）为连续沉积，以产丰富的小壳化石为特征，时代属于早寒武世早期。

产在前寒武系顶部（灯影组二段、高家山段或白岩哨段）的高家山生物化石群，主要由后生动物的蠕虫类、球壳类、似水母类等实体化石和遗迹化石组成，并可见宏观藻类与其共生，发现于陕西宁强。近年来对于高家山生物群的研究发现，该生物群除含大量后生动物遗迹化石、宏观藻类化石和软躯体蠕虫类外，还存在骨骼化带壳动物新类群化石（张录易等，2001；华洪等，2001；Meyer et al.，2012）。而产在寒武系底部（灯影组麦地坪段、宽川铺段或磨坊岩段或新力段等）普遍出现的小壳化石，主要包括软舌螺类、软体动物（双壳类、单板类、腹足类、喙壳类）、腕足类、锥石类、海绵化石、棘皮动物骨板及一些分类位置不明的类别（原牙形石和牙状化石类、具腔骨片类、钉形化石、托莫特壳类、球形化石、阿巴纳管类等）（何廷贵等，1981，1984，1987，1989；陈孟莪等，1981；Yu，1988；秦洪宾，1988；李国祥，1992；Siegmund，1997；李国祥，1999；钱逸，1999；Yue and Bengtson，1999）。从前寒武纪晚期以软躯体动物为主的生物面貌到寒武纪初的以带壳小个体后生动物为主的生物面貌，这一生物事件的转变一直是令很多研究者迷惑的问题，因此对其环境研究也就成了当前科学研究的热点。

越来越多的资料显示(郭庆军等，2004；Kouchinsky et al.，2007；余光模等，2010)前寒武系—寒武系界线处¹³C同位素负漂移具有全球一致性。聂文明等(2006)根据黔中的碳同位素特征研究认为，是上升洋流将深部¹³C耗尽的水体带到浅水区域沉积形成¹³C负漂移，即古海洋中可能存在上升洋流，大洋环流作用增强(Cook，1992)。Ling等(2007)认为陡山沱组末期的大洋转换释放了二氧化碳到大气中，升高了温度，随后灯影期的高生产率得到复兴，导致灯影组中出现较高的碳同位素值。黄志诚等(1999)根据对江苏句容、南京市幕府山、湖北京山、四川峨眉山的灯影组中上部的白云岩的碳氧同位素分析及原生白云石胶结物包裹体测定，认为前寒武纪晚期的古海洋为炎热蒸发的高盐度的古海洋。研究者(马文辛等，2011)对渝东地区前寒武系—寒武系灯影组硅质岩的元素地球化学特征进行研究，提出该区灯影组中的硅质岩可能存在热水沉积成因。Wen等(2011)根据云南梅树村剖面的Mo同位素特征分析认为，氧化条件在前寒武纪就已经逐步发生并持续，这些海洋化学条件在寒武纪初发生了完全重组并导致寒武纪初的生物多样性。但也有研究认为(张同钢等，2004；彭花明等，2006a，2006b)，扬子地台灯影期古海水虽然具有较高的碳、硫同位素值，但总体上有缓慢降低的趋势，可能是灯影期古海洋出现了缓慢氧化的特征。Kouchinsky(2012)根据全球前寒武纪末期至早寒武世小壳动物矿化骨骼的分布特征，认为晚前寒武纪至早寒武纪的海洋存在一个化学波动，小壳动物辐射是在一个以富高镁方解石和文石为特征的海洋环境中发生的。Sato等(2014)提出，高度富磷的海水背景可能是发生小壳动物群迅速分布事件的主要原因。以上资料显示，前人对前寒武系—寒武系界线层位的沉积环境的研究虽已取得重要进展，但主要集中在含小壳化石的上下层位(灯影组中上部层位或上部层位)。生物面貌的演化应该是一个从渐变到突变的积累过程，作者认为对于小壳动物爆发前夕(整个灯影组沉积时期或更长时期)的古海洋环境及背景的系统研究和综合研究应该是解释小壳动物爆发原因的关键。

区域资料(四川省矿产局和成都理工大学南江区调大队，1995；赵兵，1999)表明，川北南江地区构造简单，前寒武系—寒武系界线地层出露广泛，灯影组以碳酸盐岩为主，地层完整。而在这一地区灯影组中的磨坊岩段、新立段和沙滩段中富含丰富的小壳化石，被认为是研究前寒武系—寒武系界线地层又一理想区域(杨暹和等，1983；杨暹和和何廷贵，1984；何原相和杨暹和，1986；Steiner et al.，2004)。综合区域资料和野外踏勘工作可知，川北南江地区是研究扬子地台北缘小壳动物爆发前夕古海洋环境的理想区域。

本书的主要内容：对上扬子地台北缘的南江地区灯影组进行了详细的划分与对比，结合对各段岩石学特征和古生物学特征的详细描述与分析，总结了川北南江地区灯影组地层的沉积环境变化及相应的古生物演化规律；对灯影组各段地层岩石中的微量元素、稀土元素、常量元素和 Si 同位素特征进行了分析，总结界线地层的地球化学特征，结合地层古生物特征及古沉积地质背景，探讨了小壳动物爆发前夕的古环境特征；研究灯影组磨坊岩岩段中的小壳化石成分和结构特征，分析壳体原生成分与围岩的关系，探讨壳体成分与沉积环境的关系。

本书用事实说明，小壳动物群爆发前夕的古海洋环境发生了重要的变化，多种因素促成了小壳动物的爆发，构成了寒武纪生物大爆发的第一幕，对小壳动物爆发前夕的古海洋环境进行综合研究，将为早期生命演化的地质背景提供很好的客观材料和依据。另外，前寒武纪—寒武纪界线地层中，常见磷矿、镍钼矿等，前寒武纪—寒武纪界线地层的地球化学特征研究可以为界线地层的含矿性预测提供依据。

本书内容是在国家自然科学基金(41173058、40839909)、四川省教育厅青年基金(2011-532)、成都理工大学中青年骨干教师培养计划(JXGG201214)、成都理工大学沉积地质学科研创新团队项目(KYTD201703)和四川省一流学科建设经费(2017)资助下，在著者博士后研究成果基础上进一步丰富和完善而成。在研究过程中，感谢导师王绪本教授和林丽教授给予的重要指导和帮助，以及成都理工大学何廷贵教授、侯明才教授的重要指导！另外，在研究工作中，成都理工大学博士后科研流动站、成都理工大学沉积地质研究院沉积地质实验室和地层古生物学实验室、成都理工大学地球物理学院以及成都理工大学油气藏地质及开发工程国家重点实验室、中国科学院广州地球化学研究所、中国地质科学院地球物理地球化学勘查研究、湖北省宜昌地质研究所、西南冶金测试中心、核工业北京地质研究院分析测试研究中心等有关单位和个人给予大力支持！电镜扫描工作是在冯明石博士的帮助下完成的，野外及室内的研究工作还得到了马叶情、黄永皇、李雅楠、孙红强、王寒栋、王琛、隗延章、汪晟、黎坤秀、刘定坤、邱浩、李天民等研究生及本科生的相助！另外，本书引用了国内外很多学者的观点和图件！在此，一并表示最衷心的感谢！

由于编写时间仓促和水平有限，书中难免有不足之处，敬请各位前辈和同行批评指正！

著　者

2017 年 9 月

目　　录

第1章 地 层

1.1 地 质 概 况

　　川北南江地区构造上位于上扬子地台的北缘(图 1-1)。现有资料表明,本区地质演化经历了晚太古代—早古生代克拉通结晶基底、晋宁期克拉通褶皱基底、澄江期大陆裂谷、晚震旦世—中三叠世克拉通盖层、印支运动以来陆内盆山耦合—推覆构造形成五大演化阶段,构造变形强烈,多期活动叠加或置换(魏显贵等,1997)。区内扬子地台结晶基底、褶皱基底和沉积盖层均有出露。南江地区的前寒武系—寒武系界线地层所处构造阶段为晚震旦世—中三叠世克拉通盖层阶段。晚震旦世开始,米仓山地区处于被动大陆边缘广海沉积环境,沉积了一套浅海型碳酸盐岩、碎屑岩。

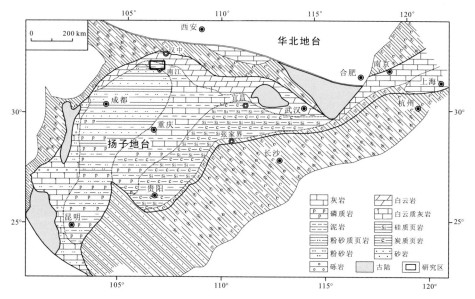

图 1-1　震旦纪末—寒武纪初中国扬子地台区岩相古地理简图(据马永生等,2009,改绘)

　　南江地区行政区划归属于四川省巴中市,东邻通江县,南接巴州区,西接旺苍县,北靠陕西省南郑县,区内有国道和省道通过,交通方便(图 1-2)。

1：20万区域地质测量报告南江幅(1965)和1：5万区域地质调查报告曾家—盐井河—檬子—关坝—吴家垭—国华—楠木—南江幅(1995)显示，川北南江地区出露的地层有中上元古界和震旦系、寒武系、奥陶系、志留系、二叠系、三叠系、侏罗系及少量的第四系。研究区内的震旦系和寒武系地层单位由老到新依次为：观音崖组、灯影组、笻竹寺组、仙女洞组和陡坡寺组。灯影组顶部灰岩中含有大量小壳动物化石，前寒武系—寒武系界线位于灯影组顶部。根据1：5万南江幅及相邻幅地质图(1995)可知，区内构造简单，灯影组和笻竹寺组的地层走向主要沿北东—南西向展布。

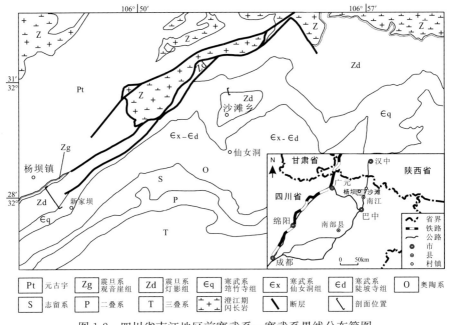

图1-2　四川省南江地区前寒武系—寒武系界线分布简图
(四川省矿产局和成都理工大学南江区调大队，1995，略有修改)

1.2　地层划分沿革

南江地区的灯影组，岩性、厚度及岩相比较稳定，为一套以白云岩为主的地层，上覆于观音崖组碎屑岩之上，下伏于笻竹寺组杂色泥页岩之下。对于研究区内前寒武系—寒武系界线岩石地层的划分，有多种不同的划分方案(表1-1)。

杨遵和等(1983)根据生物特征将本区的灯影组由下至上分为三段：杨坝段、高家山段和磨坊岩段(或新立段)。杨坝段，主要为藻白云岩及微晶、泥晶白云岩，地层特征与扬子地台区总体特征基本一致。高家山段，下部为黑色薄板状硅质层及白云质砂岩，灰绿色细纹状粉砂岩，含砾砂岩及砾岩，上部为白色、灰白色微-细晶白云岩夹纹层状藻白云岩以及含硅质条纹带的微晶-细晶白云岩，与扬子地台区的高家山段总体特征相比，顶部缺失磷块岩层。磨坊岩段，由含沥青的灰黑色灰岩、白云质石灰岩组成，底部为含硅质条带或扁豆体的白云质灰岩及黑色薄层状硅质岩，厚10～33m。新立段，主要为含胶磷矿砂屑白云岩及含硅质条带的细晶白云岩，下部有硅质胶磷矿薄层，底部为薄层条纹带状硅质白云岩，该段与磨坊岩段为同时异相的沉积。

表1-1　灯影组岩性分段历史沿袭及邻区对比表

地区　文献　地层单位	陕西宁强地区	川北南江地区			
	丁莲芳等(1992)	杨暹和等(1983)	四川省矿产局和成都理工大学南江区调大队(1995)	赵兵(1999)	本书(2017)
寒武纪	郭家坝组	筇竹寺组	筇竹寺组	筇竹寺组	筇竹寺组
埃迪卡拉纪	灯影组 宽川铺段	灯影组 磨坊岩段/新立段	灯影组 三段	灯影组 四段	灯影组 磨坊岩段
	碑湾段	高家山段			碑湾段
	高家山段		二段	三段	高家山段
	藻白云岩段	杨坝段	一段	二段	砂质白云岩段
				一段	藻白云岩段
	陡山沱组	观音崖组	观音崖组	观音崖组	观音崖组

四川地矿局南江幅1∶5万区调报告(1995)，将南江杨坝灯影组剖面由下至上划分为三段：灯一段（$Z_2 d^2 n_1$）、灯二段（$Z_2 d^2 n_2$）、灯三段（$Z_2 d^2 n_3$）。灯影组一段，岩性及厚度都较稳定，厚为520～588m，下部主要为灰、灰白色中厚层纹层状及葡萄状或皮壳状渗流白云岩，上部主要为灰色中厚层石英砂质白云岩、砂屑泥微晶白云岩夹微晶白云岩，主要为潮间-潮上带沉积，与杨暹和等(1983)划分的杨坝段一致；灯影组二段，厚度为23～49m，岩性主要为黄灰色中层含砾白云质长石石英砂岩及中薄层粉砂质泥岩，中部夹黄灰色中薄层流纹质凝灰岩及灰黑色中薄层硅泥岩，主要为潮下混合带至台盆环境沉积，海水相对较深，相当于杨暹和等(1983)划分的高家山段下部特征；灯影组三段，厚度为196m，岩性主要为灰-深灰色中厚层夹块状条带（纹层）状硅化细粉晶白云岩，硅质条带或纹层占20％～40％、偶见假角砾状白云岩，岩层中含有少量的磷质。

赵兵(1999)在参照四川地矿局南江幅1∶5万区调报告(1995)的划分方案的基础上，根据灯影组一段地层上下部的岩性差异将原灯影组细分为两段，分别称为灯影组一段和二段，原灯影组二段、三段分别变为灯影组三段和四段。此时灯影组一段的特征为皮壳状白云岩及藻白云岩；二段为灰色中厚层石英砂质白云岩、砂屑泥微晶白云岩夹微晶白云岩；三段相当于区调报告上的原二段，岩性主要为黄灰色中层含砾白云质长石石英砂岩及中薄层粉砂质泥岩,中部夹黄灰色中薄层流纹质凝灰岩及灰黑色中薄层硅泥岩;而四段相当于区调报告上的原三段,岩性主要为灰-深灰色中厚层夹块状条带(纹层)状硅化细粉晶白云岩。

与本研究区相邻的陕西宁强地区的灯影组地层特征与本区灯影组特征十分接近,丁连芳等(1992)将该陕西宁强地区灯影组统一划分了四个段,由下到上依次为:藻白云岩段(下白云岩段)、高家山段、碑湾段和宽川铺段。藻白云岩段,以浅灰色、灰白色中-厚层白云岩,厚层块状藻白云岩夹葡萄状、花斑状结构的白云岩为特征,含微古植物化石。高家山段,一套以碎屑岩为主的地层,下部为灰绿色、紫红色粉砂质泥岩,黑色硅质岩;中部为黄绿色泥质粉砂岩夹中薄层灰岩及灰岩透镜体;上部为灰色、灰黑色硅质灰岩夹薄层粉砂岩、页岩等,含软躯体后生动物化石、遗迹化石、宏观藻类及微古植物化石,该段在标准地点的厚度为55m。碑湾段,相当于原高家山组的上部地层,主要是灰色-灰白色厚层块状白云岩、细晶白云岩、层纹状白云岩夹硅质结核或硅质条带,含微古植物化石,顶部含遗迹化石,标准地点厚365m。宽川铺段,一套含硅的浅海碳酸盐岩沉积,岩石类型主要是灰色、深灰色中层状含沥青质灰岩,含胶磷矿砂屑、砾屑灰岩、硅质岩、磷块岩及中厚层白云岩,富含多门类小壳化石和微古植物,标准地点厚60~70m。

为了能够很好地进行区域生物地层资料的对比以及避免段落名称混淆,本书采用生物地层特征和岩石特征相结合的方法,将南江地区灯影组的分段特征和名称修订如表1-1所示。

1.3　剖面列述

灯影组在南江地区出露较好,1:5万区域地质调查报告(南江幅,1995)中的典型剖面为杨坝剖面,沿公路展布。而完整保留前寒武系界线特征的地层剖面,主要是沙滩剖面和新立剖面。作者近年来通过在南江地区的考察工作,对灯影组露头较好的剖面进行了观测和更为详尽的实测,并系统取样。各剖面详细特征如下列叙述。

1. 杨坝剖面

杨坝剖面位于南江县杨坝镇,南江县至杨坝的公路旁,灯影组各段出露较为完整,交通方便。通过观测、补测和采样,对原剖面的岩石特征进行了补充。

上覆地层为筇竹寺组的黑色页岩。

———————— 平行不整合接触 ————————

灯影组

磨坊岩段(8.64m)

17-3 为深灰色块状中细晶灰岩。灰岩中含少量的小壳化石: *Protoherzina anabarica* 和 *Zhijinites lubricus*。

5.39m

17-2 灰色含硅质条带的灰岩。

3.25m

碑湾段(187.81m)

17-1 灰色中厚层弱硅化微晶白云岩。

4.47m

16 深灰色厚-块状硅化叠层石藻白云岩。

45.22m

15 灰白色中层微晶白云岩与深灰色中薄层硅化叠层藻白云岩互层。

29.5m

14 中上部为深灰色厚层假角砾状泥微晶白云岩,下部为灰色至深灰色厚层泥微晶白云岩。可见保存较好的叠层石。

31.29m

13 灰白色中厚层泥微晶白云岩。

44.65m

12 灰色、深灰色厚层硅化粉晶化泥微晶白云岩及硅化去膏化泥微晶白云岩。

32.93m

高家山段(48.97m)

11 灰色、黄灰色中厚层云基长石石英砂岩及含泥质石英粉砂岩,夹含砾云基长石石英砂岩。

6.35m

10 灰黑色中-薄层硅泥基含砂硅泥岩或硅质岩。

5.23m

9 黄灰色薄层流纹质沉凝灰岩。

18.19m

8 中上部为灰黄色中薄层泥质粉砂岩,下部为黄灰色中层泥基长石石英粉砂岩。

8.79m

7 黄灰色中层云砾屑长石石英砂岩、泥质粉砂岩、泥岩构成一个完整的沉积旋回。

10.41m

砂质白云岩段(145.71m)

6 灰色、深灰色中一厚层泥微晶白云岩。

53.73m

5 灰色厚层石英粉砂质泥微晶白云岩。

44.61m

4 灰色中层含石英粉砂泥微晶白云岩及含砂屑泥微晶白云岩，该层含动物化石碎屑。

48.37m

藻白云岩段(373.66m)

3 灰色中厚层条带状隐藻白云岩夹多层葡萄状白云岩。

186.13m

2 浅灰色中一厚层皮壳状微细晶白云岩。

85.89m

1 灰色至灰白色中一厚层皮壳状渗流白云岩及层纹石白云岩。含藻类化石 *Balios conferus*、*Balios pinguensis*、*Renalcis* sp.。

101.64m

──────── 整合接触 ────────

观音崖组

灰色中一中厚层石英砂岩。

2. 杨坝南公路剖面

该剖面与杨坝剖面相邻，位于杨坝公路南，地层特征和岩石学特征清楚，岩石样品新鲜易采。该段剖面以藻白云岩为主，常见皮壳结构和藻纹层，其特征相当于杨坝剖面灯影组藻白云岩段，底部与观音崖组整合接触关系清楚，但上部出露不完整。对该段地层进行了详细实测和系统采样，剖面详细特征如下。

灯影组

藻白云岩段(＞92.3m)

7 灰色至灰白色中厚层皮壳状白云岩，皮壳状结构发育，皮壳大小不一，藻白云岩少见。

28.18m

6 灰白色块状藻白云岩，皮壳发育，个体较大，直径多大于5cm，沿着岩层层面密集分布。

11.02m

5 灰白色中厚层藻白云岩，局部可见皮壳状白云岩。此处藻白云岩极发育。

5.34m

4 灰白色中厚层皮壳状白云岩，常见纹层状藻白云岩或条纹状藻白云岩。

4.58m

3 灰黑色块状细晶皮壳状藻白云岩，皮壳直径为 5~7cm，此处鸟眼构造发育。

11.98m

2 灰黑色块状细－微晶白云岩，局部可见纹层状夹层(0.5~1cm 厚)和鸟眼构造(长轴直径为 1~2cm)，孔洞中充填亮晶方解石。

17.67m

1 灰色块状泥微晶白云岩为主，夹有少量条带状藻灰岩。

13.32m

———————— 整合接触 ————————

观音崖组

0 灰色中－中厚层石英砂岩。

3. 杨坝茶溪村剖面

该剖面位于杨坝乡茶溪村，距离原杨坝剖面较近，位于原杨坝剖面西侧山头的西坡上。该剖面地层以碎屑岩为主，相当于原杨坝剖面的高家山段，高家山段地层出露完整，上下地层接触关系清楚，剖面几乎无覆盖，利于观察。对该段地层进行了详细实测和系统采样，剖面详细特征如下。

灯影组碑湾段

8 灰色厚层－块状白云岩、灰质白云岩，可见灰黑色致密的硅质透镜体或硅质条带夹层。

>3m

———————— 整合接触 ————————

高家山段(34.93m)

7 黄褐色－灰色薄层泥质粉砂岩、粉砂质泥岩，其中粉砂岩中含白色石英晶体(晶体直径约 1cm)，呈斑状分布。

1.39m

6 黄色中薄层中细粒云基石英砂岩、砂质白云岩、泥质粉砂岩、泥岩构成，呈韵律重复出现。

2.13m

5 灰色、灰黑色薄层含细砾岩屑/砂的粉砂岩，水平层理发育。

1.56m

4 黑色－灰黑色中薄层致密硅质岩、硅质页岩，有时可见碎屑结构。

5.90m

3 灰色－灰绿色中薄层含绿泥石流纹质沉凝灰岩，具水平层理或纹层。

8.84m

2 浅灰绿色或灰白色中薄层泥页岩，风化严重，岩石具明显褪色现象。

5.55m

1 黄灰色薄层中细粒石英砂岩、灰色泥质粉砂岩、粉砂质泥岩构成旋回。

9.56m

———————— 整合接触 ————————

藻白云岩段

0 灰色厚层－块状白云岩，溶孔发育，可见刀砍纹，风化明显。

>5m

4. 杨坝观音崖剖面

该剖面位于原杨坝剖面—观音崖段，灯影组碑湾段出露完整。对该段地层进行了详细实测和系统采样，剖面详细特征如下。

上覆地层为筇竹寺组黑色页岩。

———————— 平行不整合接触 ————————

灯影组

磨坊岩段

11 灰黑色块状细晶灰岩，底部灰岩中具有硅质岩夹层。细晶灰岩中含少量的小壳动物化石，包括 *Zhijinites lubricus*、*Protoherzina anabarica*。

8.64m

碑湾段（189.34m）

10 灰白色块状硅化微晶白云岩和细晶白云岩，纹层构造常见，局部还可见条带构造，纹层为黑色，多碳化，可见假角砾构造。

34.48m

9 浅灰色至深灰色块状细晶白云岩，白色纹层增多，黑色条带在上部呈现逐渐增多的现象。

17.47m

8 灰色－深灰色厚层－块状砂屑白云岩，此处段条带相对下面地层中的条带明显较少，部分岩层有重结晶现象。

22.05m

7 灰白色中－厚层微晶白云岩为主，此段下部条带发育，宽窄不一。中部条带明显，特征与下部一致，黑色成分增多。

18.96m

6 灰白色厚层微晶白云岩，此段常见假角砾结构，砾石为灰白色微晶白云岩，填隙物为黑色沥青和硅质物质，砾石大小不等、不规则。局部层位可见黑白相间的条带构造。

12.57m

5 浅灰色－灰白色厚层－块状微晶白云岩。可见部分层位条带较密集，条带多为黑色，少为浅灰色。条带宽窄不一，分布不均，宽约 3cm，窄不足 1cm。且条带连续性较好，可见缝合线构造，沿缝合线处分布为黑色碳质物质。

33.21m

4 灰色厚层－块状微晶白云岩。

9.46m

3 浅灰色－灰白色厚层－块状微晶白云岩，可见条带构造。

12.10m

2 灰黑色厚层－块状微晶白云岩，未见条带构造。

12.06m

1 灰黑色中层白云岩为主，夹薄层条带白云岩。

16.95m

高家山段

0 黄褐色薄层泥质粉砂岩，粉砂质泥岩。

5. 沙滩西公路剖面

沙滩西公路剖面位于沙滩乡，在沙滩乡至上两乡方向的公路旁。该剖面灯影组顶部界线出露较为完整，磨坊岩段的小壳化石丰富，沙滩剖面特征可以作为灯影组顶部特征的补充。对该段地层进行了详细实测和系统采样，剖面详细特征如下。

筇竹寺组（>109.25m）

7 灰黑色中薄层粉砂质页岩，具有明显的页理，顶部为植物覆盖。

>21.21m

6 灰黑色厚层粉砂质页岩，水平层理发育，白色纹层增多。

22.52m

5 黑色中层夹薄层粉砂质页岩，具有明显的水平层理。

25.65m

4 黑色中厚层粉砂质页岩为主，夹碳质页岩，黄铁矿纹层发育，中上部发育的巨大结核呈锅底岩状，结核直径最大约为 80cm。

28.92m

3 黑色中-薄层粉砂质页岩为主，水平层理发育，夹有少量炭质页岩和黄铁矿纹层或结核。

4.55m

2 黑色薄层炭质页岩。底部出露有约 20cm 的不整合面，以泥岩成分为主。

6.39m

——————— 平行不整合接触 ———————

灯影组
磨坊岩段(9.48m)

1 黑色厚层块状白云质灰岩、硅质灰岩，顶部为微-亮晶含砂内碎屑灰岩。微-亮晶含砂内碎屑灰岩中含丰富的小壳动物化石。包括：*Archaeospira ornate* Yu，*Ebianella pinguitia* He et Lin，*Xinjispira* cf. *simplex* Yu，*Protoconus crestatus*，*Emeithella testudinaris* Qian，*Tannuella* sp.，*Truncatoconus yichangensis* Yu，*Maikhanella multa* Zhegallo，*Igorella mioribis*，*Bemella simplex*，*Heraultipegma* Pojeta et Runnegar，*Circotheca subcurvata* Yu，*Circotheca nana* Qian，*Circotheca longiconia* Qian，*Turcutheca lubrica* Qian，*Ovalitheca mongolica* Syssoiev，*Ebiamothea cornaformis* He，*Ancheilotheca* Qian，*Hyolithellus micans* Billings，*Coleolella billingsi*，*Rogatotheca pubchella*，*Mabiania irregularis* He，*Verticisoconns hexangnlaris*，*Chancelloria altaica* Romanenko，*Chancelloria irregularius* Qian，*Amoebinella echinata*，*Rhadochites scissus* Yang et He，*Sachites longus* Qian，*Paleosulcachites disuclatus*，*Protoherzina anabarica* Miss，*Zhijinites lubricus* Qian，Chen et Chenyi，*Olivooides* cf. *alveus* Qian。

9.48m

碑湾段

0 灰色-灰白色中层条带状白云岩，灰白色条带与灰色条带互层，宽浅不定。白云岩中含硅质海绵骨针化石。

6. 长滩河剖面

沿南江-长滩河公路旁出露，为灰白色中-厚层状白云岩，含胶磷矿层，相当于前寒武系—寒武系界线处地层，总体露头较好。对该段地层进行了详细实测和系统采样，剖面详细特征如下。

上覆地层：筇竹寺组的黄灰色薄层页岩。

————————平行不整合接触————————

灯影组

磨坊岩段（24.02m）

6 深灰色厚层－块状灰岩，泥（微）晶灰岩。风化比较严重，灰岩露头常常以孤立的灰岩体呈现，未见化石。

4.51m

5 灰黑色纹层状白云岩，含灰白色微晶白云岩角砾，含少量的小壳化石。

3.39m

4 灰黑色含磷质砂屑白云岩或磷块岩，含小壳化石，发育砂纹层理，含丰富的小壳化石，包括软舌螺类、似软舌螺类、管壳类、球形壳类、单板类、牙形石类、几丁虫类等。

8.39m

3 灰色中－厚层硅化白云岩，具黑色硅质条带。

2.72m

碑湾段（24.02m）

2 浅灰白色厚层泥微晶白云岩，硅化明显，可见断续的褐灰色硅质条纹。

4.18m

1 灰色－灰白色厚层中细晶白云岩，孔隙发育，亮晶充填，可见沥青颗粒。

0.29m

————————整合接触————————

下伏地层：灯影组高家山段。

0 灰色中厚层细晶白云岩，灰白色厚层致密状微晶白云岩。

7. 新立长梁剖面

新立长梁剖面位于南江县东北45公里，属于新立乡。磨坊岩段相变为白云岩相，并含胶磷矿层及硅质胶磷矿层，含有丰富的小壳动物化石。杨暹和等（1983）曾对该剖面进行了详细的测制和描述，并命名为新立段。为便于区域地层的对比，笔者将该剖面的具体特征引述如下（对地层名称略作调整）。

上覆地层：下寒武统筇竹寺组沙滩段

8 黑色薄层含炭质页岩及粉砂质页岩。

\>2m

—————————— 平行不整合接触 ——————————

灯影组

新立段（25.8m）

7 灰色的薄－中厚层硅质条带细晶白云岩。

$\qquad$ 3.4m

6 浮土掩盖。

$\qquad$ 6.7m

5 灰白色中厚层含硅质条带的细晶白云岩，底部为厚20厘米的薄层条纹状白云质硅质岩。含丰富的小壳化石：*Circotheca* sp.，*Hyolithellus* sp.，*Siphogonuchites* sp.，*Olivooides* 等。

$\qquad$ 5.7m

4 灰色厚层状含胶磷矿砂屑细晶白云岩，中下部夹有砾屑白云岩、黑色致密状硅质磷块岩薄层及硅质条带。见小型沙纹层理及冲刷现象。含丰富的小壳动物化石：软舌螺类：*Circotheca longiconia*，*C. subcurvaia*，*C. nana*，*C. maxia*，*Turcutheca lubrica*，*T. rugata*，*T. crasseacochlia*，*Conotheca mammilata*，似软舌螺类：*Anabarites trisulcatus*，多孔动物：*Zhijinites* sp.，管壳类：*Sipgogonuchites triangulates*，*S. pusilliformis*，*Palaeosulcachites irregularis*，*P. biformis*，*Lopochites latazonotus*，*L. concavium*，*Trapezochites* sp.，球形壳类：*Olivoodes intersulcatus*，*Archaeooides* sp.，古杯类：*Tumuliolynihus orthacanthus*，牙形石类：*Protoherzina anabarica*，*Fomichella* sp.，*F. inchoate*，*Fastina quadrigoniata*，*Canloudina platybasla*，*G. longispina*，锥石类：*Hexaconularia sichuanensis*，*H. nanjiangensis*，*H. multicostata*，*Conulariella quadrata*，微体珊瑚类：*Mirusilites chirifformis*，*M. elegantis*，绿藻：*Cambricodium capillloaes* 等。

$\qquad$ 7.9m

3 浅灰色的薄－中厚层含硅质条纹条带状细晶白云岩，沿层面见缝合线构造。上部岩层含硅质条纹及砂屑颗粒，产小壳化石：*Circotheca* sp.，*Olivoides* 等，下部含丰富的微型遗迹化石：*Microchondrites xinliensis*。

$\qquad$ 2.1m

—————— 整合接触 ——————

碑湾段

2 灰色中厚层条纹状细晶白云岩夹砾屑白云岩，偶见沙纹层理。

$\qquad$ 1.9m

1 白色厚层致密状微晶白云岩。

$\qquad$ >2m

1.4 地层划分与对比

剖面特征(图 1-3)表明,研究区灯影组的岩石组合类型有灰白色的中-厚层藻白云岩、皮壳状白云岩、砂质白云岩、灰色硅化白云岩及灰岩等,夹少量的黄灰色-黑色砂岩、页岩。灯影组与下伏观音崖组砂岩整合接触,与上覆筇竹寺组黑色页岩不整合接触,界线清楚。区域上灯影组厚达 765m。

根据灯影组的岩石组合变化,本书将灯影组由下到上划分为五段:藻白云岩段、砂质白云岩段、高家山段、碑湾段、磨坊岩段(或新立段),如表 1-1 所示。

1. 藻白云岩段

在南江地区,该段地层主要为灰白色中厚层纹层状藻白云岩,以及雪花状、皮壳状藻白云岩,相当于 1:5 万区域地质调查报告(南江幅,1995)中的灯影组一段下部地层,与下伏观音崖组砂岩整合接触,厚度为 373.66m。

赵兵(1999)将该段以含藻白云岩为特征的地层作为灯影组一段,原灯影组一段的上部以砂质白云岩为特征的段落划分为灯影组二段。丁连芳(1992)曾根据岩性特征,将陕西宁强地区灯影组下部浅灰色、灰白色中-厚层白云岩称为藻白云岩段。由于南江地区原灯影组一段地层厚度较大,需进行更细致的划分工作,作者认为将含藻白云岩为主的段落单独划分出来有利于对地层的理解和比较,沿用赵兵(1999)的划分方案,但为有别于原灯影组一段的定义,作者将原灯影组一段下部含藻白云岩的地层定义为藻白云岩段。

2. 砂质白云岩段

在南江地区,该段地层为灰色中厚层石英砂质白云岩及泥微晶白云岩,相当于 1:5 万区域地质调查报告(南江幅,1995)中的灯影组一段上部地层,与下伏灯影组藻白云岩段的藻白云岩整合接触,厚度为 145.71m。

由于在岩石特征上明显区别于下部藻白云岩为主的地层,沿用赵兵(1999)的划分方案,将其单独划分为一个段。为与原灯影组二段区别开,作者根据岩性特征将这套灰色中厚层石英砂质白云岩及泥微晶白云岩组合命名为砂质白云岩段。该段地层在川北南江、陕西宁强和汉中等扬子地台北缘分布普遍。

3. 高家山段

在南江地区,该段岩性主要为黄灰色中层含砾白云质长石石英砂岩及中薄层粉砂质泥岩,中部夹黄灰色中薄层流纹质沉凝灰岩及灰黑色中薄层硅泥岩,相当于1：5万区域地质调查报告(南江幅，1995)中的灯影组二段，与下伏灯影组砂质白云岩段整合接触，厚度约为49m。

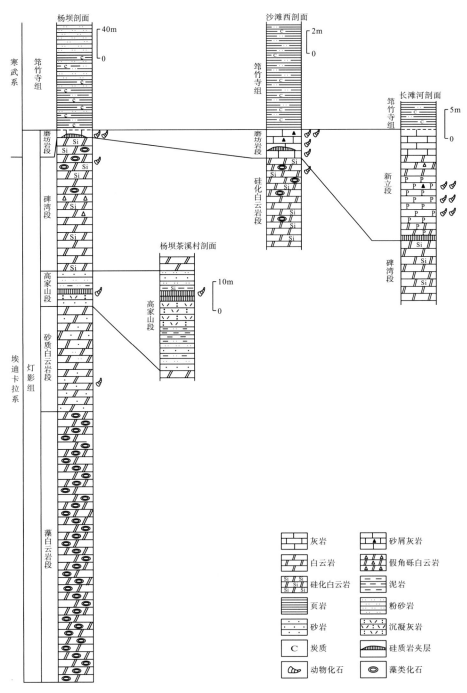

图 1-3　四川南江地区灯影组柱状对比图

高家山段原名是高家山组，由于岩性与灯影组一致，相当于灯影组的第二个岩性段，后改为高家山段(丁连芳，1992)。是一套以碎屑岩为主的地层，该段地层在扬子地台西北部边缘分布比较普遍，其岩性与厚度略有差别，与上覆和下伏地层为整合接触，或有小的沉积间断，在标准地点厚度为55m。陕西宁强地区高家山段地层中已发现著名的高家山生物群：含有丰富的软躯体后生动物化石、遗迹化石、宏观藻类化石及微古植物化石，化石保存完好。

4. 碑湾段

在南江地区，该段岩性主要为白色、灰白色微－细晶白云岩夹纹层状藻白云岩以及含硅质条纹带的微晶－细晶白云岩，相当于1：5万区域地质调查报告(南江幅，1995)上的灯影组三段的中下部地层，与下伏灯影组高家山段砂岩、粉砂岩整合接触，厚度为169～190m。

碑湾段是由张录易(1986)最早提出的，将原高家山组上部的白云岩为主的地层划出，称为碑湾段。该段地层相当于杨暹和(1983)所划分的灯影组高家山段的上部地层。该段地层在区域上分布稳定，与邻区(陕西宁强地区)所划分的碑湾段特征(丁连芳等，1992)一致。为便于区域地层对比，作者沿用此方案，将该段地层命名为碑湾段。

5. 磨坊岩段(或新立段)

在南江地区，该段相当于1：5万区域地质调查报告(南江幅，1995)上的灯影组三段顶部地层，岩性主要由深灰色含沥青的石灰岩、白云质石灰岩组成，偶夹球粒石灰岩及砾屑石灰岩，底部为含硅质条带或扁豆体的白云质灰岩及黑色薄层硅质岩，是一套含磷、含硅的碳酸盐岩。与其下伏碑湾段灰白色硅化白云岩为连续沉积，厚度为5.4～13.11m。

该段岩性特征和层位与杨暹和等(1983)对本区所划分的磨坊岩段及邻区(陕西宁强地区)所划分的宽川铺段特征(丁连芳等，1992)一致。在区域上存在一定的相变，在杨坝剖面则是以深灰色块状灰岩为主，含硅质条带或扁豆体的白云质灰岩及黑色薄层硅质岩，小壳化石较少，分异度较低；而向东在沙滩剖面西公路剖面，出现球粒石灰岩及砂砾屑石灰岩，磷质砂砾岩屑灰岩中的小壳化石丰富，分异度高；继续向东，在新立剖面，磨坊岩段相变为白云岩相，并含胶磷矿砂屑及硅质胶磷矿层，表明当时南江地区的地势为西低东高。根据该层位的小壳化石组合特征，该段的地质时代为寒武纪梅树村期。

第2章　岩石古生物特征及沉积环境分析

南江地区灯影组各段的岩石学特征和古生物学特征明显不同，其代表的沉积环境存在差异（表 2-1）。

表 2-1　四川南江地区灯影组各段沉积环境

层位		岩石组合	新鲜面颜色	沉积构造	沉积结构	化石特征	沉积环境
灯影组	磨坊岩段	灰岩、硅化灰岩，顶部可见砂屑灰岩	灰黑色	块状构造	晶粒结构碎屑结构	小壳化石藻类化石	潮下海湾，间歇动荡的低能环境
	碑湾段	硅化白云岩	灰白色－灰色	条带构造纹层状构造	晶粒结构	海绵骨针藻类化石	潮上－潮间
	高家山段	砂岩、页岩、沉凝灰岩	黄灰色－黑色	条带构造	碎屑结构	动物化石碎片藻类化石	潮下－台盆
	砂质白云岩段	砂质白云岩	灰白色	块状构造	晶粒结构	动物化石碎片藻类化石	潮下混合滩
	藻白云岩段	皮壳白云岩、雪花状白云岩、藻白云岩	灰白色	皮壳状构造	晶粒结构	藻类化石	潮上暴露

2.1　藻白云岩段

灯影组藻白云岩段，位于灯影组下部层位，地层厚度约 390m。岩性主要以浅灰色、灰白色中－厚层藻白云岩为主，夹皮壳状、葡萄状、花斑状构造的白云岩。本段含大量的藻类化石。

2.1.1　岩石学特征

1. 皮壳状白云岩

灰白色的皮壳状白云岩亦称葡萄状或栉壳状白云岩（陈明等，2002）。皮壳状白云岩总是顺着岩层面生长（图 2-1a，b），顺层面观察皮壳结构比较清楚，皮壳呈同心圆状生长，直径大小不一，直径较大者可达 15cm，小的不到 1cm（图 2-1c，d）。在皮壳状白云岩的断面上观察，皮壳形态构造特征不明显，在断面多表现为似玛瑙的纹层或带状构造，由相互平行的波状暗色层和浅色层交替组成，呈同心纹层状。

显微镜下（图 2-1e，f），该类岩石具晶体结构，矿物成分以白云石为主，含有少量的亮晶方解石。每个皮壳的中心部分由深色的藻类物质或有机质构成，向外变为浅色纹层和暗色纹层构成的同心层。可见藻类物质在靠近皮壳中心地带的不同圈层上富集。另外，相邻皮壳的最外部圈层的发育是逐渐连接起来的，里面

图 2-1　皮壳状白云岩野外及岩石薄片特征

a. 层理特征；b. 层面特征；c. 皮壳结构；d. 皮壳结构的放大；e. 单偏光；f. 正交偏光

可有多个大小不同的皮壳构造。皮壳内部的暗色层较细，具致密的泥晶结构和纤状结构，富含有机质。皮壳内部的浅色纹层是由微晶或泥晶白云石构成，为原生的。由此可见，圈层的形态与藻类物质的发育密切相关。另外，皮壳外部圈层是由纤柱状-粒状亮晶白云石组成，晶体紧密平行排列，呈放射状或晶簇状，垂直纹层生长，表明浅色层是后期重结晶作用导致形成的，类似次生加大边。

2. 雪花状白云岩

灰白色的雪花状白云岩具有颜色深浅不一的条带，具孔洞充填构造。其中斑点状集合体形似雪花，因此称之为雪花状白云岩或花斑状白云岩（陈明等，2002）。

雪花状结构直径以 1～2cm 居多（图 2-2a）。野外发现，雪花状白云岩和皮壳状白云岩交替生长。该类岩石中也常见孔洞充填构造或鸟眼构造，有些孔洞被亮晶方解石再次充填。

a

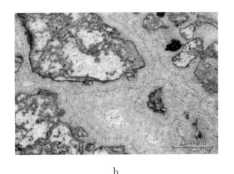

b

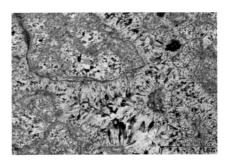

c

图 2-2　雪花状白云岩薄片特征
a. 手表本特征；b. 单偏光；c. 正交偏光

显微镜下，雪花状构造形状不规则（图 2-2b，c）。雪花状构造内部由不规则的灰色含藻泥晶白云质物质或者暗色富含有机质的泥晶白云质组成，孔隙中充填亮晶方解石；其边缘为一线状黑色物质，正交偏光下不变色，可能为有机质或藻丝体；雪花状构造外部具有次生加大边，由次生的针状碳酸盐矿物组成，与皮壳状结构的切面特征基本一致。

以上特征表明，雪花状白云岩是皮壳构造发育的不成熟阶段造成的，表明灯影组藻白云岩段沉积时期，其沉积环境有一定的变化，在雪花状白云岩向皮壳状白云岩转化的过程中，由于环境发生变化导致该过程发生终止。

3. 藻白云岩

藻白云岩是指含丰富藻类化石的白云岩。灯影组藻白云岩段中，藻类白云岩与皮壳状白云岩、雪花状白云岩密切共生：在藻类化石较多的岩石中，皮壳状构造和雪花状构造较发育；而在藻类少的岩层中，皮壳构造和雪花构造不发育。

藻白云岩一般为灰白色、灰色，块状构造。有时，岩石表面隐约可见深色藻纹层或机质纹层。在藻白云岩中可见鸟眼或溶孔构造，溶孔大小以 1～2cm 居多，很多溶孔之中充填有白色亮晶方解石矿物(图 2-3a)。岩石中未见任何蒸发岩矿物或残留结构，溶孔是由藻类物质腐烂后形成的，部分孔被亮晶方解石充填。

显微镜下观察，岩石具有细晶结构(图 2-3b，c)。藻白云岩中的矿物成分以白云石为主，含有少量的方解石、极少量的石英。白云石直径的主体范围为 0.1～0.2mm，达细晶范围。单偏光下，可以看见暗色斑点状物质分布在白云石中，呈球形或椭球形，排列紧密，分布相对均匀，在正交偏光下不变色，为藻类化石。在藻类化石聚集的部位，白云石矿物颗粒较细小，以泥微晶为主，基本未发生明显的重结晶作用；而在藻类化石较少部位，白云石或方解石晶粒较大，发生了明显的重结晶作用。

2.1.2　古生物特征

大量的藻化石已经在藻白云岩中被发现(图 2-3b，c)，包括 *Balios pinguensis*、*Renalcis* sp.、*Blios conferus*，其中 *Bliosconferus tsao*(紧密斑点藻)最为常见。

白云岩中，大量藻类化石以群体形式出现，有规律地分布于岩石中，组成明暗交替的水平纹层。藻类化石不仅在藻白云岩中发育，在具有皮壳状构造的白云岩和具有雪花状构造的白云岩中也极为发育。

藻类化石在白云岩中的发育表明，沉积环境比较稳定，具有光线充足、水较浅的特征，只有这样的环境才有利于光合作用的发生，进而促进藻类生物的繁盛。

a

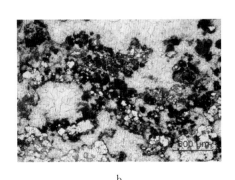

b

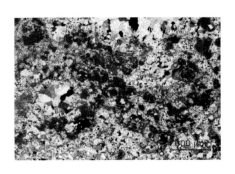

c

图 2-3   藻白云岩特征

a. 具溶孔构造的手标本；b. 单偏光；c 正交偏光

2.1.3   沉积环境分析

藻白云岩段，厚度较大，以藻白云岩、皮壳状白云岩和雪花状白云岩为主，其中具皮壳状构造的白云岩最为发育。前人研究该类岩石的成因有不同解释：①白云岩中的皮壳状构造是原生的，是沉积–准同生期生物化学双重作用的产物（张萌本，1980），是在潮下间歇搅动带–潮下浅滩形成的（曹仁关，2002）；②皮壳状白云岩是不同成岩期的混合水成因（向芳等，1998）；③皮壳状白云岩是海平面下降，白云岩遭受淡水淋滤、渗流作用形成的，与古岩溶作用有关（刘怀仁等，1991；刘护军等，1993；陈明等，2002；王东和王国芝，2010；施泽进，2011）。

野外踏勘和研究资料显示，区域上皮壳状白云岩分布稳定，四川峨眉、贵州遵义松林、湖南张家界等地均有发现皮壳状白云岩，主要出露于灯影组下段中厚层白云岩中，区域上分布相对稳定。皮壳状构造主要是顺层面产出，皮壳向上凸起不明显时，则在垂直岩层切面上显示为条带构造。以上特征均表明，具有原生沉积作用特点，其倾向于第一种成因说，是沉积准同生期生物化学双重作用的产物。

镜下特征分析可知，雪花状白云岩的加大边是由针状碳酸盐矿物组成的，与皮壳状结构的切面特征非常相似，雪花状白云岩是皮壳构造发育的不成熟阶段造成的。而皮壳状白云岩的不同圈层上可见藻类物质聚集，在藻类物质聚集处可见再次围绕藻类物质生长的暗色圈层和浅色圈层。并且，皮壳状白云岩总是出现在含藻白云岩层位中。藻白云岩中有雪花状构造，而雪花状白云岩中有皮壳状构造，三者皆与藻类的发育密切相关。

资料(曹仁关，2002)显示，在现代海洋环境中，皮壳状体产出环境为水深小于 9m 的、无波浪作用的安静水体中。

作者于 2007 年 8 月在瓮福磷矿生产车间参观时发现，磷矿处理环节中，从机器流出的废液进入废水池，成分以碳酸盐为主。池中的沉积物沉积速率较快，当废液排放时，池中水动力较弱，很快形成较厚的"碳酸盐岩沉积物"，具有典型的皮壳状构造(图 2-4a，b)，切面的圈层构造、层切面的纹层构造及层面上的葡萄状构造皆可以观察到，这与灯影组白云岩中的皮壳构造特征难以区分。而沉淀皮壳白云岩的废水池具有如下特征：碳酸盐溶液浓度较高，沉积物源充足、流速缓慢、水浅、光线足。

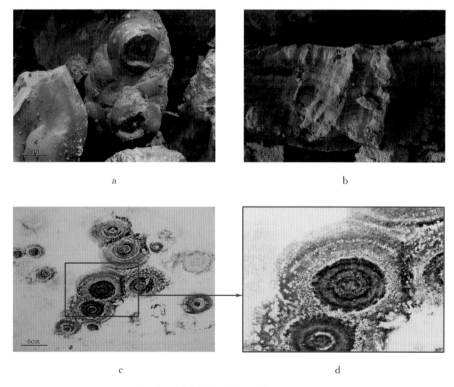

图 2-4　与皮壳结构相似的现代沉积物

a. 瓮福磷矿废水池皮壳状碳酸盐沉淀物手标本的层面特征；b. 手标本的断面特征；

c. 某实习基地屋顶壁上的皮壳的生长及连接状态；d. 对 c 图中部分皮壳圈层的放大

2011 年 4 月，作者在某实习基地发现，基地宿舍的棚顶渗漏处形成了类似皮壳白云岩切面构造的现象，而这一现象刚好在靠近门口、阳光投射度较好的棚顶漏雨处发育，其黑色纹层物质为某种菌藻类的聚集(图 2-4c，d)。棚顶壁为石灰粉刷，雨水渗漏后，石灰中的碳酸钙开始溶解，当渗水减少时，碳酸钙因过饱和再次沉积。而从图 2-4c 和 d 中可以看出，菌藻类的生长趋势是呈同心状向外扩张，伴随碳酸钙的再沉积菌藻类的生长路线形成同心圈层构造。这种圈层构造与灯影组皮壳白云岩的皮壳切面构造基本一致。

由此可知，皮壳状构造是原生的，产生的环境为极浅水地带，阳光充足、利于藻类生长，甚至偶尔露出水面处于暴露状态的沉积环境。综合以上特征分析，作者认为震旦纪灯影组藻白云岩段形成的沉积环境为海水较浅、阳光充足、气候比较温暖的滨海环境，导致藻类极为发育。

根据岩石特征及古生物特征可以初步判断，藻白云岩段的沉积环境为潮上暴露环境。

2.2 砂质白云岩段

该段以灰色中厚层石英砂质白云岩、砂屑泥微晶白云岩为主，夹灰白色微晶白云岩。

2.2.1 岩石学特征

1. 砂质砂屑泥晶白云岩

灰白色砂质砂屑泥晶白云岩具块状构造。岩石表面粗糙，肉眼可见单晶石英颗粒，其直径最大可达 2mm。砂屑分选较差，磨圆度中等至一般。由于岩石中的砂屑颗粒大小存在差异，有时是顺着岩层层理方向排列，导致部分岩石表面具有似条带或纹层构造。有些岩石中的砂屑颗粒较少，直径较大的石英颗粒呈镶嵌状分布于白云石基质中。

显微镜下，岩石具砂质砂屑泥晶结构(图 2-5a，b)。砂屑颗粒组分主要由陆源砂和内源砂屑组成。陆源砂主要为单晶石英和燧石岩屑，另有少量变质石英岩屑及长石，含量为 30%，粒径由粉砂-巨砂组成，陆源砂呈不均匀斑块状分布于岩石中。另外见部分内源砂屑与陆源砂混合，砂屑大小 0.15~1mm。偶见动物化石碎屑，含量为 12%，砂屑色暗，由泥晶方解石组成，形态呈椭圆状-次棱角状。填隙物主要由泥晶方解石组成，占 58%。方解石粒度小于 0.004mm，具隐

晶状，见有藻纹层，分布不均匀，局部见有重结晶，由泥晶变为微晶结构。岩石
中见细分散状自生黄铁矿，粒径大小为 0.02～0.05mm，呈自形晶，占 2%。

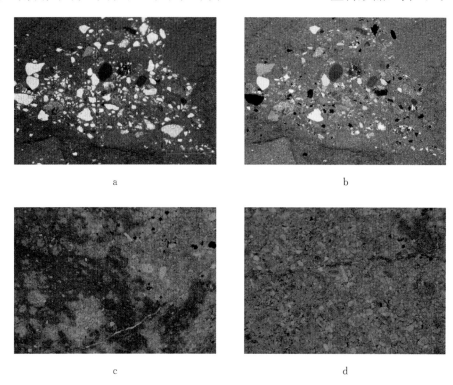

图 2-5　砂质白云岩段中的岩石薄片特征

a，c. 单偏光；b，d. 正交偏光；a，b. 砂质砂屑泥晶白云岩；c，d. 含残余砂砾屑粉－细晶白云岩

2. 含残余砂砾屑粉－细晶白云岩

灰色至灰白色含残余砂砾屑粉－细晶白云岩，具有块状构造。岩石表面及内
部可见有深色纹层，深色纹层形态不规则，为藻类物质的聚集。

显微镜下，部分岩石具亮晶残余砂砾屑结构(图 2-5c，d)。岩石主要由粉-细
晶方解石组成，晶体大小 0.03～0.25mm，呈镶嵌状，占 50%。岩石中可见暗色
残余砂砾屑斑块，已明显重结晶，可见残余外形，砂砾屑占 35%。砾屑主要是
由粉晶灰岩与泥晶内碎屑灰岩组成，泥晶含生物屑灰岩，不规则状，粒径为 1～
10mm。另有部分椭圆形残余砂屑，已全部重结晶，粒径 0.2～2mm，不均匀分
布于岩石中。岩石中可见到较多的自生莓状黄铁矿，呈细分散状或团状集中分
布，呈自形晶，含量占 5%。在局部可见方解石晶间充填有大量的黏土，由晚期
溶蚀充填而成，黏土占 10%。另见有少量石英砂呈次圆或次棱角状分布于岩
石中。

2.2.2　古生物特征

在该层位的砂质白云岩中，发现了少量的后生动物化石(图 2-6)。在显微镜下，化石个体较小，直径 0.1~0.8mm。动物化石切面形态呈圆形或不规则状，具明显的外壳。化石壳的成分以碳酸钙质为主，也可见磷质成分构成的外壳。碳酸钙质成分构成的壳体不完整，部分壳由于重结晶作用而呈现不完整的状态(图 2-6e，f)。另外，还可见个体较小的藻类化石，形状是圆的，呈紧密聚集状，不均匀地分布于碳酸盐矿物孔隙中或表面上。

该层位位于高家山生物群层位之下，即时代早于高家山生物群的时代。

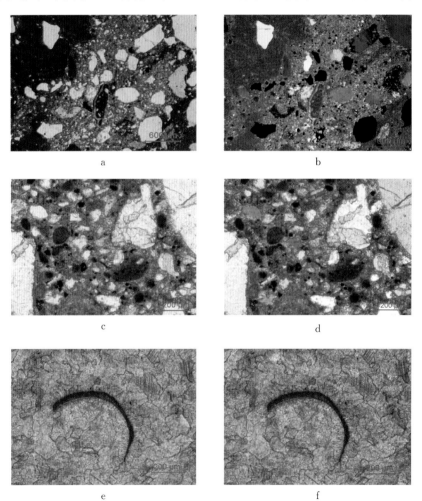

图 2-6　砂质白云岩段中的古生物薄片特征

a，b，c，d. 砂质白云岩；e，f. 细晶白云岩；a，c，e. 单偏光；b，d，f. 正交偏光

2.2.3　沉积环境分析

该段地层叠覆在藻白云岩段之上，岩石类型以砂质泥微晶白云岩为主，岩性单一，沉积厚度较大，含少量的藻纹层和少量的后生动物化石，表明这一时期的沉积环境仍比较稳定。岩石具砂质砂屑泥晶结构，颗粒组分主要由陆源砂和内源砂屑组成，另有少量变质石英岩屑及长石，粒径由粉砂－巨砂组成，陆源砂呈不均匀斑块状分布于岩石中。分选差，磨圆度差。岩石特征表明，该段的沉积环境与藻白云岩段的沉积环境有一定的差异，即有陆源碎屑的供应，但这些内碎屑未经过远距离搬运，属于近盆地内沉积。

由于藻白云岩段沉积时，大量藻类的光合作用，释放了充足的氧气。砂质白云岩段沉积时期，水体中已经储备了一定含量的氧气，这对异氧动物的出现来说是必需的环境条件。另外，环境中仍然存在少量的藻类生物，这为后生带壳动物的出现带来了部分食物，奠定了食物链和环境基础。

根据以上的岩石特征及古生物特征可以初步判断，砂质白云岩段的沉积环境为潮下混合滩环境。

2.3　高家山段

2.3.1　岩石学特征

灯影组高家山段，位于灯影组中部，岩性主要为黄灰色中层含砾白云质长石石英砂岩及中薄层粉砂质泥岩，中部夹黄灰色中薄层流纹质凝灰岩及灰黑色中薄层硅泥岩。

1. 角砾岩

在杨坝剖面的高家山段底部，粗砂中细粒岩屑石英砂岩中出现了大量的角砾，局部构成角砾岩。该类岩石横向分布不稳定，呈透镜体式产出。

角砾岩，无层理，块状构造。砾石排列无序，分选差，砾石直径最小 2mm，最大砾径大于 10cm；砾石的形态各异，磨圆度差，呈次棱角状或棱角状(图 2-7a)。砾石成分以纹层状的藻白云岩为主(图 2-7b)，这种藻白云岩砾屑的特征与下伏地层藻白云岩段的藻白云岩特征相似；填隙物以中细砂为主，也含有中砂，局部孔隙较大，填隙物的镜下特征与上覆地层粗砂质中细粒岩屑石英砂岩特征几乎一致

（图 2-8a，b）。

图 2-7　高家山段的角砾岩特征

a. 角砾岩的宏观沉积特征；b. 角砾岩中的白云岩角砾

根据以上特征，作者认为此角砾岩可能为原地下伏岩石经过崩塌或崩裂后，在近原地处被后期沉积的碎屑物质再次胶结而成。

2. 粗砂质中细粒岩屑石英砂岩

浅灰色粗砂质中细粒岩屑石英砂岩，岩石表面粗糙，风化作用明显，风化后的岩石颜色为黄灰色。岩石无明显层理，具块状构造，肉眼或放大镜下可见明显的砂状碎屑结构。

显微镜下，岩石具有细-中粒砂状结构（图 2-8a，b）。碎屑颗粒占 85%，呈点接触，孔隙式胶结。碎屑颗粒以中砂为主，有较多的粗砂混入，碎屑分选中等偏差，磨圆以次棱角状为主，少量的次圆状。石英占碎屑总量的 82%，石英表面具有碎裂纹；长石占碎屑总量的 7%，主要为斜长石、正长石和微斜长石；岩屑约占 11%，以火山碎屑和燧石岩屑较常见，少见石英岩岩屑。填隙物约占 15%，成分以方解石为主，呈晶粒状，大小为 0.03~0.1mm，均匀分布于粒间孔内；粒间可见氧化铁及泥质物质。

a　　　　　　　　　　　　　　b

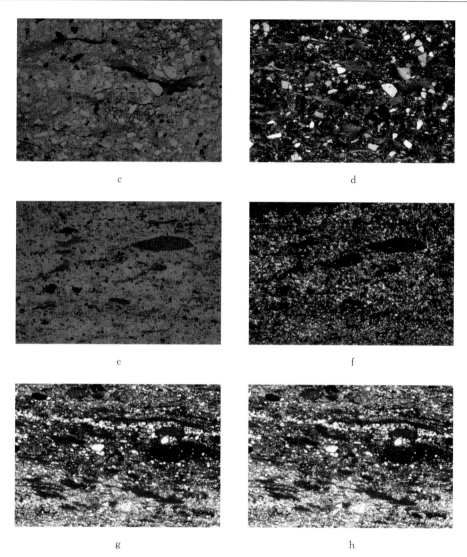

图 2-8　高家山段中的岩石薄片特征
a，c，e. 单偏光；b，d，f. 正交偏光；a，b. 粗砂质中细粒岩屑石英砂岩；
c，d. 流纹质沉凝灰岩；e，f. 硅质岩；g，h. 砂质页岩

由上述特征可知，该岩石的碎屑颗粒的分选性和磨圆度均较差，表明沉积速率较快，沉积物源较近。

3. 流纹质沉凝灰岩

灰白色中薄层的流纹质沉凝灰岩，岩石成层性较好。肉眼可见绿色绿泥石矿物晶屑，晶屑颗粒大小不一，最大者直径可达 1cm。当岩石中的大颗粒含量较多时，可见其排列还具有一定的定向性。

显微镜下，该岩石具有似流纹构造及沉凝灰结构（图 2-8c，d）。碎屑成分由内碎屑和火山碎屑构成。火山碎屑是由玻屑、晶屑和硅质火山灰组成。晶屑主要为石英，棱角-次棱角状，部分石英颗粒具有港湾状的溶蚀现象，大小 0.2～2mm，含量 20%～40%。玻屑呈塑型，含量 10%～35%。部分石英晶屑和陆源石英碎屑不易区分。内碎屑 40%～50%，主要为碳酸盐岩碎屑，呈透镜状、焰舌状、枝杈状和条带状等，粒度普遍大于 2mm，具有塑性岩屑的形态特征。

该类火山碎屑岩中岩屑和晶屑含量接近 50%，可以判断其形成环境靠近火山口。这些内碎屑没有分选，是盆地内部未固结的碳酸盐岩被强大的动力破碎而撕裂成的碎屑，经过再次沉积固结成岩的。

4. 硅质岩－燧石岩

黑色－褐黑色的硅质岩呈层状、结核状或透镜状产出，岩石具有致密的块状构造，断面具有贝壳状断口。

显微镜下，岩石具有隐晶质或微粒结构。成分以硅质成分为主，主要由泥微晶石英或玉髓构成（图 2-8e，f），含量约占 80%。另外，在显微镜下还可见到局部具有似塑性形态的碳酸盐岩岩屑、磷酸盐矿物、有机质碎屑，以及少量的黄铁矿颗粒等，含量约占 20%，粒径较大者达粗砂级（长轴直径约 0.6mm）。其中碳酸盐岩岩屑较多，形态多样，多为透镜状、焰舌状等，具有一定的定向性，似假流纹构造。

以上岩石特征表明，沉积环境中局部具有一定的水动力，将未固结成岩的泥晶碳酸盐撕裂，之后再次胶结沉积而成。

5. 砂质页岩

黄灰色或黑褐色的砂质页岩呈薄层至极薄层状产出，水平层理发育。直接覆盖在上述硅质岩或流纹质沉凝灰岩之上。显微镜下，岩石具有明显的页理及泥状结构（图 2-8g，h）。成分以黏土矿物为主，还可见少量的砂级碎屑混入其中。砂屑成分以石英和泥晶碳酸盐岩岩屑为主，也可见褐色的磷质岩屑。碎屑磨圆度一般，含较多的碳质物，整体排列具有一定的定向性。铁染现象十分明显。

岩石特征表明，该类岩石沉积时期的水动力较弱，古环境恢复了平静。

2.3.2 古生物特征

前人（杨暹和等，1983）曾在硅质岩层中发现了许多球状、丝状微生物化石，如 *Eomycetopsis robusta*（坚实原始类菌藻）、*Archaeotrichion contortum*（古毛状菌藻）、*Globophycus grandis*（巨大球形藻）、*Palaeomicrocoleus nanjiangensis* Wang（南江古微壳藻），而在粉砂质页岩中还发现有蠕虫类 *Sabellidites* sp.，这些蠕虫化石可与陕南及滇中地区同层位中的蠕虫类化石对比。

　　作者在该段的灰黑色硅质岩或硅质页岩中发现了具有管状构造的化石碎屑。管的横切面为圆形，具有明显的圈层结构，直径较小，约为 0.05mm，成分以硅质为主（图 2-9a，b，c，d）。表明高家山段地层中存在微小的带骨骼的后生动物化石。

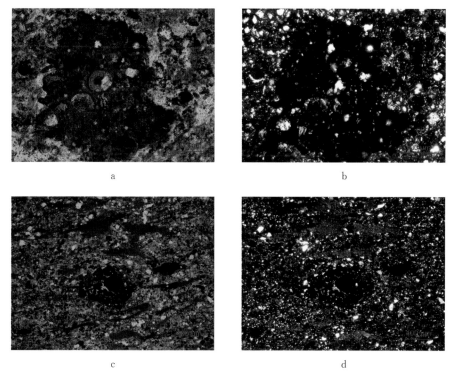

图 2-9　高家山段中的化石薄片特征

a，c. 单偏光；b，d. 正交偏光

　　有研究者（华洪等，2001）在陕南高家山段中上部发现高家山生物群以骨骼化石为主，兼有软躯体动物化石和藻类化石等，具矿化壁的骨骼类群包括管状化石、锥管状化石、瓶状化石、球状化石、杯状化石和疑难化石等。本次，笔者在川北南江地区高家山段中没有发现类似的宏观动物化石，只在硅质岩中发现了具管状壳的微体动物化石，但前人曾在此层位发现了软躯体类群中的蠕虫化石。以上特征表明，川北地区高家山段中已经发现的宏观的和微观的动物化石组成的古生物面貌，明显不同于下伏地层中的以微体藻类化石为特征的古生物面貌，表明此时期的古海洋生物面貌已发生有了明显的变化。

2.3.3　沉积环境分析

高家山段岩层以碎屑沉积为主，包括长石石英砂岩及含泥质石英粉砂岩，夹硅泥岩、流纹质沉凝灰岩。其中，含硅质岩及凝灰岩的地层厚度较薄，厚约 10m，但在米仓山周缘分布稳定。碎屑岩中常见火山物质，或具有溶蚀港湾状的石英晶屑，加之流纹质沉凝灰岩和硅质岩的出现，可以确定当时的沉积环境距离火山喷口较近。并且在该段地层的岩石组分中，内碎屑物质常见。这显示部分物质来源比较近，属于盆地内堆积，沉积速率比较快。一些火山物质成分已经在岩石中被发现，但是研究区内没有任何火山岩沉积。这表明当沉积作用发生时，火山活动就发生在附近，但本区不是火山喷发中心。另外，滇东地区也可见代表火山事件的火山灰沉积夹层(张俊明等，1997a，b)。前人(赵兵等，1999)研究认为，当时该区属于拉张构造的台盆环境，盆地沉降幅度较大并有深源火山物质喷发。该段地层完全以碎屑岩沉积为主，地层厚度较薄，岩性变化较快，表明这一时期的陆源物质供应不稳定。这可能与邻区火山喷发活动和区域上的拉张构造活动有关。

根据岩石特征及古生物特征可以初步判断，高家山段的沉积环境为板块边缘裂陷背景下的潮下-台盆环境。

2.4　碑　湾　段

2.4.1　岩石学特征

碑湾段，是指灯影组中上部的一段地层，岩性主要为白色、灰白色微-细晶白云岩、纹层状或条纹带的微晶-细晶白云岩及假角砾白云岩等，该段岩石普遍具有程度不等的硅化现象。

1. 硅化藻白云岩

灰色硅化藻白云岩具有块状构造，岩石较坚硬。顺着岩石层理面发育有灰黑色纹层，灰黑色纹层中富集藻类物质，局部形成锥状叠层石构造。岩石表面在暴晒的情况下，有黑色油状物质渗出。

显微镜下，岩石具有细微晶结构(图 2-10a，b，c，d)。岩石成分以细微晶的白云石为主，常见自生的石英矿物颗粒分布于白云石中。石英成分较多时可达50%左右，呈条带状分布其中，但是这种条带是不连续、不规则的。藻类物质也较为发育，呈纹层状分布于岩石中。自生石英条带常与藻类纹层相间，构成了硅化藻白云岩中发育的纹层或条带构造。石英颗粒或藻类含量较少时，岩石条带或纹层现象不明显。

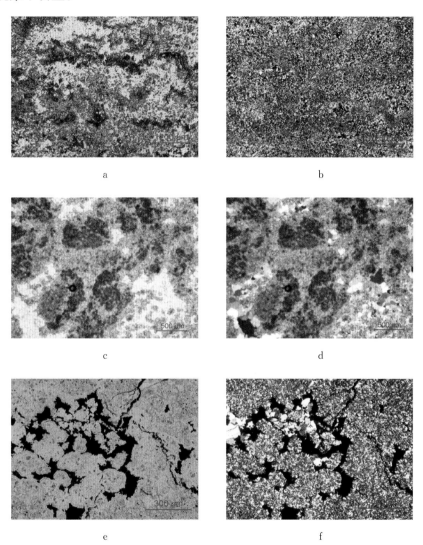

图 2-10　碑湾段中的岩石及化石薄片特征

a，c，e. 单偏光；b，d，f. 正交偏光

2. 假角砾硅化白云岩

灰白色块状构造，具有假角砾结构。角砾棱角状，形态不规则，排列杂乱。最大角砾的直径可达 5cm，最小角砾的直径小于 1cm。角砾成分与围岩成分一致，为微晶白云岩的碎块。假角砾构造比较发育、稳定，在角砾之间的空隙中常

见黑色沥青颗粒充填。

　　显微镜下，岩石具有晶粒结构和后生碎裂结构(图 2-10e，f)。假角砾含量约占 80%，颗粒成分为硅化白云岩，孔隙中充填的物质约占 20%。这些假角砾是由于白云岩碎裂的裂隙中充填了黑色的沥青物质，而呈现出假角砾结构，并非真正的角砾岩。假角砾的矿物成分以白云石为主，其余为矿物颗粒主要为石英或燧石，局部硅化严重，硅质物质含量超过 50%。孔隙中的黑色成分则以固体沥青物质为主，夹杂颗粒极细的白云岩碎屑。

　　岩石学特征表明，在岩石成岩之后，曾发生剧烈的地壳运动，导致已经固结成岩的泥晶白云岩发生碎裂并再次胶结。这些硅化现象很可能是在地震活动中发生或之后的地质作用中形成的。该段地层序列中，至少三个层位出现假角砾硅化白云岩，表明区域上的地壳运动是多期次的。

2.4.2　古生物特征

　　该段岩石中的有机碳含量较高，局部地区出现了大量的沥青物质，填充在颗粒孔隙中(庞艳春等，2010)。藻类化石保存不好，目前能鉴定的藻类化石为平谷斑点藻(图 2-10c，d)。该层位可见大量的藻类化石，局部出现了叠层石构造。前人在此段地层中发现了层状叠层石(*Sratifera* sp.)、柱状叠层石(*Conophyton* sp.)及大型瘤状、圆柱状叠层石(*Collenia* sp.)等(杨遥和等，1983)。

　　另外，用醋酸(约 3%)处理该层位的碳酸盐岩样品时，该层位岩石中处理出了带壳的动物化石。但是在用醋酸处理后，其原始外壳不见了。能谱显示，骨针化石(表 2-2 和图 2-11)的成分为硅质。扫描电镜下，只见石英为主的颗粒构成的内核，形态完好，足以证明该化石是具有壳的后生动物化石留下的。

表 2-2　骨针化石的图谱测试结果(醋酸处理过的骨针化石)

元素	图谱 3		图谱 4	
	重量百分比	原子百分比	重量百分比	原子百分比
C	28.20	38.66	27.20	36.93
O	43.38	44.64	47.44	48.35
Si	26.46	15.51	25.36	14.72
Al	1.95	1.19		
合计	99.99	100.00	100.00	100.00
化学分子式	SiO2		SiO2	
矿物成分	石英		石英	

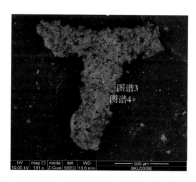

图 2-11　骨针化石的电镜扫描图及能谱测试位置

但是该层位中的动物化石并不多，目前只发现一枚海绵骨针，这一层位位于含小壳化石层位之下，表明带壳动物演化的连续性。

2.4.3　沉积环境分析

该段以灰白色硅化微晶－细晶白云岩为主，可见纹层状藻白云岩，另外常见沥青物质充填在岩石的颗粒孔隙之中。大量沥青物质和叠层石的出现表明，该层位的沉积环境又恢复为稳定的利于藻类繁殖的浅水温暖环境。该段地层代表了潮间－潮上带沉积产物。

与下伏地层比较可知，本段最为典型的特征是白云岩中出现了大量的自生石英，充填在颗粒孔隙之中，或呈纹层状分布。另外，该层位局部出现了假角砾白云岩，硅质物质含量也较高。该段地层中，硅质物质的含量由下到上是逐渐增加的。这表明在当时的沉积环境中，硅质物质较多，那么硅质物质又来自哪里呢？对硅质物源的探讨，见第 4 章叙述。

根据岩石特征及古生物特征可以初步判断，碑湾段的沉积环境为潮上－潮间环境。

2.5　磨坊岩段

2.5.1　岩石学特征

磨坊岩段，岩性主要为含沥青的灰黑色中细晶灰岩、白云质石灰岩和微－亮晶磷质含砂内碎屑灰岩组成，底部为含硅质条带或扁豆体的白云质灰岩夹黑色燧石夹层。

1. 中细晶灰岩

深灰色中细晶灰岩，具块状构造。岩石质地坚硬，结构均一，成分单一。碳酸盐晶粒较大，具有明显的重结晶现象。该类灰岩主要见于南江地区杨坝剖面的磨坊岩段中。

显微镜下，岩石具有明显晶粒结构(图 2-12a，b)。晶粒成分单一，主要由干净透明的粗大方解石组成。晶粒以中细晶为主，晶粒直径为 0.1～0.5mm。在晶间孔中可见少量的黑色沥青物质及黄铁矿晶粒充填。该类型灰岩中含小壳化石，个体纤细，数量极少，壳体成分以磷质为主。

2. 亮晶残余砾屑灰岩

灰色－深灰色亮晶残余砾屑灰岩。岩石表面可见明显的灰色颗粒顺层分布，颗粒最大直径可达 5mm，颗粒的磨圆度好、分选性一般，无明显的定向。

显微镜下，岩石具有残余砾屑结构(图 2-12c，d)。砾屑约占 65%，砾径为 2～5mm，呈圆-椭圆状，微具定向性，均匀分布于岩石中，砾屑主要由微-粉晶方解石组成。晶体较干净，晶间孔及晶间溶孔被黑色沥青充填。基质为亮晶胶结物，是由干净透明粗大的方解石构成，晶体大小为 0.1～1.6mm。砂屑呈镶嵌状分布于基质中。

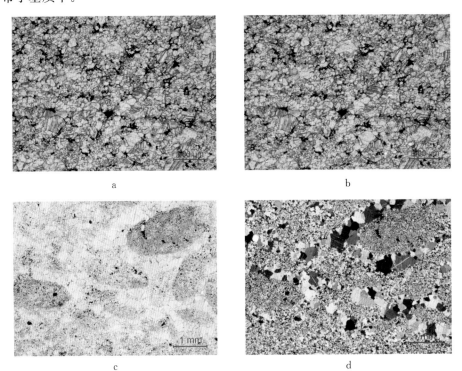

a

b

c

d

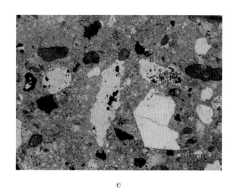 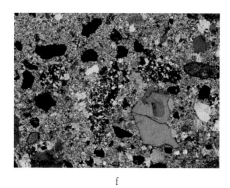

e   f

图 2-12 磨坊岩段中的岩石薄片特征

a, c, e. 单偏光；b, d, f. 正交偏光；a, b. 中细晶灰岩；

c, d. 亮晶残余砾屑灰岩；e, f. 微－亮晶含砂内碎屑灰岩

在沙滩剖面上，该类岩石覆盖在深灰色块状中细晶灰岩之上，直接与筇竹寺阶的黑色页岩呈平行不整合接触。在杨坝剖面的中细晶灰岩之上未见该类岩石。

3. 微－亮晶含砂内碎屑灰岩

手标本为深灰色。岩石表面粗糙，具有明显的碎屑结构，碎屑颗粒直径最大可达 2mm。碎屑成分以黑色磷质颗粒和管状化石居多，磨圆度和分选性不明显。

显微镜下，岩石具有微－粉晶砂质砂砾屑结构（图 2-12e，f）。基质约占 60%，由微晶－粉晶方解石构成，碎屑呈点－漂浮状分布，基底式胶结。碎屑颗粒约占 40%，由陆源砂和内碎屑构成：陆源砂占 15%，包括单晶石英、燧石岩屑和石英砂岩；内源砂砾屑约占 25%，主要由泥晶灰岩、白云岩和胶磷矿碎屑组成，呈圆－椭圆状，粒径 0.2～0.7mm，大的砾屑主要由生物碎屑、磷质灰岩、微－粉晶灰岩组成，粒径为 10～20mm。碎屑磨圆度差，呈棱角-次棱角状，部分砂屑呈次圆状，分选差。岩石中黄铁矿发育，完全交代碎屑或呈环边状交代碎屑颗粒，呈细粒自形晶，占岩石矿物成分的 6%。石英颗粒形态不规则，其边缘具溶蚀现象，表面有裂纹。可见重晶石晶骸，其晶骸中的物质为 SiO_2。

在沙滩剖面上，该类岩石覆盖在深灰色块状中细晶灰岩或亮晶残余砾屑灰岩之上；在杨坝剖面的中细晶灰岩之上未见该类岩石。

2.5.2 古生物特征

在沙滩西公路旁剖面磨坊岩段的微-亮晶含砂内碎屑灰岩和长滩河剖面的磷块岩中含有丰富的小壳化石（图 2-13a，b），个体大小不一。

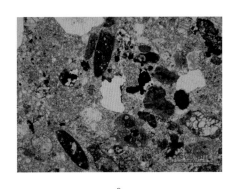

a　　　　　　　　　　　　　　　　　　b

图 2-13　含丰富小壳化石的微-亮晶磷质含砂内碎屑灰岩
a. 单偏光；b. 正交偏光

在杨坝剖面中未见微-亮晶磷质含砂内碎屑灰岩，在中细晶灰岩中含少量的小壳化石，以原牙形类和钉形化石为主。包括 *Protoherzina anabarica* 和 *Zhijinites lubricus*。化石个体较沙滩剖面中的化石要细小，类别较单一。另外，前人还在磨坊岩段中发现了与小壳化石共生的细长管状群体生物——寒武松藻 *Cambricodium* sp.（杨暹和等，1983）。

沙滩剖面磨坊岩段中的小壳动物群化石丰富、门类众多，并有浓郁的地方色彩。这些化石个体细小，一般皆为毫米级，产于砂砾屑灰岩中的全为黑色，产于白云岩中的主要为白色，其次为黑色，壳质为磷质或碳酸盐，偶见硅质者和黄铁矿质。化石种类有属于软体动物门的软舌螺类 Hyolithida、单板类 Monoplacophora、腔肠动物门的锥石类 Conulariida，还有分类位置不明的管壳类 Tubulichitids、似软舌螺类 Hyolithelmithes、牙形石类 Conodonts、似盾壳类 Sachitids、球形壳类 Globomorpha、骨针类 Spicules 等。各门类化石的产出情况如下。

软舌螺类：软舌螺类化石的数量较多，含磷岩石中皆有分布。主要有弯圆管螺 *Circotheca subcurvata*、短小圆管螺 *Circotheca nana*、长锥圆管螺 *Circotheca longiconia*、光滑椭口螺 *Turcutheca lubrica*、蒙古蛋管螺 *Ovalitheca mongolica*、亚球形拟球管螺 *Paragloborilus mirus*、角形峨边管螺 *Ebiamothea corna formis*。另外，前人在该区还见有 *Conotheca*、*Allatheca*。

似软舌螺类：主要有闪烁小软舌螺 *Hyolithellus micans*，另外可见前人见少量的 *Anabarites*、*Anabaritellus*、*Cambrotubulus* 等 4 属，前 2 属数量稀少，仅见于第一组合中，后 2 属可从第一组合上延到第二组合。

单板类：本次工作发现，单板类化石数量仅次于软舌螺类。主要有宽脊拟鳞锥 *Ramentoides latispinus*、龟形峨眉螺 *Emeithella testudinaris*、少肋伊戈尔锥

Igorella mioribis、简单台座螺 *Bemella simplex*、洁净螺属 *Purella*，该类单板类化石组合主要见于沙滩剖面，杨坝剖面未见。另外，在长滩河剖面的磷块岩中出现的单板类比较单调，主要由马哈螺属 *Maikhanella* 构成。

腹足类：数量较少，肥胖峨边螺 *Ebianella pinguitia*；简单辛集螺近似种 *Xinjispira* cf. *simplex*，属于古腹足类，旋卷一般。

喙壳类：海拉尔特壳属 *Heraultipegma*，该类化石极少，形态特征保存较好，但纹饰较差，只发现于沙滩剖面。

节壳类：该类化石极少，多节节壳 *Merimoconcha multisementata*，只发现于沙滩剖面。

牙形石类：主要有阿纳巴尔原始赫兹利刺 *Protoherzina anabarica*，前人见有 *Hertzina*、*Hastina*、*Fomitchella*、*Ganloudina* 等 5 属，皆产于第一组合带中，数量多，分布广，各剖面皆有发现。

开腔骨类：数量相对较少，多数不完整。主要由阿尔泰开腔骨针 *Chancelloria altaica*、不规则开腔骨 *Chancelloria irregularius* 和具刺变态骨 *Amoebinella echinata* 构成。

骨针类：有织金钉 *Zhijinites* sp. 和棒形骨 *Rhadochites* sp.。主要见于沙滩剖面中，特别是 *Rhabdochites* 数量很多，形态多样，形如腿骨，两端常膨大，有的侧向裂开，属于内骨骼。光滑织金钉 *Zhijinites lubricus*，也可能归入此类。

锥石类：六方螺锥 *Verticisoconns hexangnlaris*，前人见有 *Hexaconularia*、*Conulariella* 2 属，长梁剖面居多，沙滩剖面可见少量，产于第一组合带中。

赫尔克壳类：似盾形壳(*Sachites*)数量少，仅见于沙滩剖面中。

管壳类：古中槽壳 *Paleosulcachites disuclatus* 数量较多，个体较小，保存较差，分布也广，在第一组合带中即已出现，并一直上延到第二组合带。前人还在剖面中发现了 *Siphogonuchites*、*Trapezochites*、*Lopochites* 属。

球形壳类：南江地区的球形壳类数量众多，大小不等，分布广泛，包括 *Archaeooides*、*Olivooides*、*Nephrooides*、*Mirooides* 4 属，其中 *Olivooides* 常见。

其他分类位置不清的：毕氏旋纹管 *Coleolella billingsi*、优美皱纹管 *Rogatotheca pubchella*、不规则马边虫管 *Mabiania irregularis*。

本区还发现一些特殊的、分类位置不明的化石及壳片，还待今后进一步研究。另外，前人(杨遐和等，1983)还在此层位中发现了微体珊瑚、几丁虫类、古杯类和多孔动物。

主要化石的详细特征描述见第 6 章。

2.5.3　沉积环境分析

磨坊岩段以中细晶灰岩、残余砾屑灰岩和微-亮晶含砂内碎屑灰岩为主。深灰色的中细晶灰岩中的生物化石极少，但微-亮晶含砂内碎屑灰岩中却含有丰富的小壳动物化石。经处理和鉴定，小壳化石类别有软舌螺类、单板类、腹足类、似软舌螺类、锥石类、管壳类、球形壳类、具腔骨类、双壳类及共生的藻类。深灰色中细晶灰岩，碎屑物质较少，代表的是低能环境；残余砾屑灰岩，砾屑以微、粉晶的方解石为主，代表为盆地内沉积，存在局部的水动力；而微-亮晶含砂内碎屑灰岩中的砂屑颗粒包括内碎屑和陆源碎屑，碎屑分选差、磨圆度差－中等，表明沉积物源较近，沉积速率较快，水动力较强。在微-亮晶含砂内碎屑灰岩中，石英颗粒，形态不规则，其边缘具溶蚀现象，表面有裂纹，磨圆度和分选性较差，重晶石矿物和具有裂纹的石英颗粒的同时出现表明，此时沉积环境中有较强的动力。

另外，磨坊岩段各地厚度不一，虽然以灰岩为主要岩石类型，但主要的灰岩的类型不同，在磨坊岩段的顶部可见到不平整的溶蚀面（风化壳），表明南江地区寒武纪之前就存在地形起伏较大的现象，海平面的波动导致局部高地形时常露出海平面。根据岩石特征及古生物特征可以初步判断，磨坊岩段沉积时期，南江地区的地形起伏较大，杨坝地区的地形较低，沙滩地区的地形略高。南江地区磨坊岩段沉积时期的整体沉积环境为潮下海湾，是一个局部存在间歇动荡的低能环境（或为浅滩）。

综上所述，前寒武纪－寒武纪过渡期的沉积环境以滨浅海沉积环境为主，灯影组沉积早期无陆源碎屑供应，灯影组沉积中期逐渐出现陆源碎屑供应，直至出现完全的陆源碎屑岩，灯影组沉积晚期又少陆源碎屑供应。古生物学特征与岩石学特征具有一定的对应性。古生物学特征表明，早期生物的演化具有明显的阶段性：在无陆源碎屑供应的沉积期（藻白云岩段和碑湾段沉积期），海水较浅，阳光充足、气候温暖，藻类发育；在有陆源碎屑供应的沉积期（砂质白云岩段、高家山段和磨坊岩段沉积时期），则出现了后生带壳动物化石和藻类化石的共生。尤其是在磨坊岩段，带壳后生动物大量出现，相对下伏地层，生物面貌特征呈现爆发式出现的特征。藻白云岩段沉积时，藻类的光合作用，需要吸收环境中的二氧化碳，并放出大量的氧气，充足的氧气对异氧动物来说是必需的环境条件，而藻类本身为后生带壳动物的出现带来了食物，奠定了食物链和环境基础。磨坊岩段中重晶石矿物和具有裂纹的石英颗粒的出现，以及下伏地层（碑湾段）中硅质物质的聚集、假角砾构造和硅质条带构造的出现表明，磨坊岩段沉积时期的环境中有动力促使地壳内部一些物质涌入海底。

第 3 章　地球化学特征及环境讨论

微环境的变化直接影响了岩石的化学地层特征。本章根据受蚀变作用影响较弱的样品微量元素、主量元素和硅同位素数据，并结合岩石学特征进一步探讨古海洋微环境的变化。

3.1　元素地球化学特征分析

3.1.1　样品选择及实验方法

选择测试的样品来自杨坝剖面和沙滩西剖面前寒武系—寒武系界线地层灯影组和上覆地层筇竹寺地层中。系统采集岩石样品，包括藻白云岩、皮壳状白云岩、雪花状白云岩、硅化白云岩、白云质灰岩、中细晶灰岩、含砂内碎屑灰岩、砂岩和页岩等。

1. 微量元素

准确称取 40mg 岩石样品置于 Teflon 密封溶样器中，加入 1mL 浓 HF 和 0.3mL 1∶1 HNO$_3$，用超声波振荡后置 150℃ 电热板上将样品蒸干，再次加入 1mL HF、0.3mL 1∶1 HNO$_3$，加盖密封加热（100℃）7～10d。溶液蒸干后加入 2mL 11∶1 HNO$_3$，恒温 24h，再蒸干，加入 2mL 1∶1 HNO$_3$ 溶解盐类，用 1％ HNO$_3$ 将样品溶液转移到 50mL 聚乙烯塑料瓶中，加入 Rh 内标溶液，以 1％ HNO$_3$ 稀释至 40g，备 ICP-MS 测定。

本测试是在中国科学院广州地球化学研究所和中国地质科学院地球物理地球化学勘查研究所分两批次完成的。

2. 常量元素

SiO$_2$＞5％：样品用无水四硼酸锂熔融，以硝酸铵为氧化剂，加氟化锂和少量溴化锂作助熔剂和脱模剂，在熔样机上于 1150～1250℃ 熔融，制成玻璃样片，用 Axios

X 荧光仪进行测定。$SiO_2 \leqslant 5\%$：样品用氢氧化钠熔融，热水浸取，盐酸酸化，定容 100mL，分取部分溶液进行硅钼蓝光度法测定。$P_2O_5 > 1\%$：样品采用盐酸＋硝酸＋氢氟酸＋高氯酸溶解，ICP-OES 全谱仪等离子发射光谱法测定。$P_2O_5 \leqslant 1\%$：样品采用硫酸＋氢氟酸溶解，定容 100mL，分取部分溶液进行磷钼蓝光度法测定。

样品的测试工作是在中国地质科学院地球物理地球化学勘查研究所、武汉地质调查中心（原湖北省宜昌地质研究所）和西南冶金地质测试中心分 3 批次完成的。

3.1.2　微量元素结果及讨论

灯影组所有样品的微量元素测试数据及计算结果如表 3-1 和表 3-2 所示。

1. 微量元素含量的变化

根据微量元素的测试结果绘制了有关微量元素变化的地层柱状图，此柱状图可以很好地反映不同微量元素地层中的变化趋势。

本区灯影组所有微量元素变化的图件（图 3-1）显示，南江地区灯影组的 5 个分段地层中，由下到上，微量元素的含量整体呈现升高的趋势。其中藻白云岩段中的微量元素含量的平均值普遍较低，灯影组砂质白云岩段和高家山段中的微量元素（Sc、Ti、V、Cr、Ni、Cu、Zn、Ga、Rb、Y、Zr、Nb、Cs、Ba、Hf、Pb、Th 和 U 等）含量平均值普遍较高，碑湾段中微量元素含量普遍降低，磨坊岩段中的部分元素（Ba、Ti、Zn、Hf 和 Pb）含量平均呈现再次升高的趋势。

已有资料统计表明（庞艳春等，2008），不同时代的热水沉积岩或热水沉积物中富集不同的金属元素，距离喷口的远近直接影响金属元素的富集类别。其中，Ba 元素常常在热水沉积岩或沉积物中呈现富集状态。另外，不同动力学环境、不同的岩石基底、不同火山性质和不同的板块构造背景，也是导致热液沉积物的富集元素类别存在差异的重要原因之一（Fouquet et al.，1991）。本区样品微量元素的富集与上述热水成因的沉积岩或沉积物具有可比性。

另外，Sc、Ti、V、Cr、Ni、Cu、Zn、Ga、Rb、Y、Zr、Nb、Cs、Ba、Hf、Pb、Th 和 U 等元素也都属于生命体生存所必需的微量元素（王夑，1992）。

上述资料显示，本区所测岩石样品的金属元素含量在灯影组砂质白云岩段和高家山段地层中最为富集。由此可以推测，本区灯影组砂质白云岩段和高家山段沉积时期，研究区在沉积环境中有类似热液端元的物质进入。发现后生带壳动物化石的最低层位为灯影组砂质白云岩段，该层位早于前人所说的高家山段动物群和小壳动物群。由此推测，这些热液端元物质不仅为环境带来了热量，微量元素的富集也为后生动物的出现提供了重要的生命微量元素。

表 3-1　南江地区灯影组各段样品的微量元素数据及分析（×10⁻⁶）

含量 元素	磨坊岩段					碑湾段										
	DY02-01	DY02-03	DY02-05	DY02-07	平均	SNY40	SNY39	SNY37	SNY36	SNY35	SNY33	SNY31	SNY28	SNY25	SNY21	平均
Sc	3.02	0.14	0.51	0.11	0.95	0.03	0.03	0.09	1.23	0.04	0.07	0.06	0.05	0.05	0.16	0.18
Ti	263.00	5.00	112.00	5.00	96.25	6.76	3.63	46.22	489.10	6.46	12.64	28.31	12.93	17.73	38.10	66.19
V	18.00	15.00	7.00	7.00	11.75	5.41	7.80	7.98	12.07	12.20	5.65	5.60	4.92	4.81	4.76	7.12
Cr	7.70	2.50	3.50	3.90	4.40	5.85	6.83	6.90	15.13	7.65	4.94	8.99	6.89	7.88	8.72	7.98
Mn	339.00	30.00	989.00	160.00	379.50	45.09	37.51	44.10	70.04	62.18	58.40	67.79	147.80	180.20	103.70	81.68
Co	0.98	0.42	0.91	0.61	0.73	0.13	0.12	0.13	0.94	0.29	4.79	0.33	0.17	0.46	0.28	0.76
Ni	11.23	9.59	7.73	5.13	8.42	4.86	7.19	5.70	7.25	10.21	3.31	6.36	4.83	6.21	3.47	5.94
Cu	6.60	3.90	7.60	8.00	6.53	3.11	1.38	2.67	5.17	2.34	4.52	6.05	2.87	4.05	5.02	3.72
Zn	10.00	8.00	16.00	7.00	10.25	10.06	8.14	15.72	14.94	10.27	107.40	24.39	10.51	12.37	24.33	23.81
Ga	1.30	0.20	0.80	0.30	0.65	0.10	0.16	0.30	2.21	0.07	0.13	0.18	0.10	0.16	0.35	0.38
Ge	0.72	0.67	0.47	0.57	0.61	0.10	0.09	0.04	0.14	0.05	0.32	0.05	0.03	0.04	0.14	0.10
Rb	8.40	2.20	5.70	3.10	4.85	0.13	0.03	1.32	13.60	0.12	0.41	0.96	0.37	0.54	1.94	1.94
Sr	224.00	58.90	138.90	57.50	119.83	34.06	38.96	28.46	52.32	32.53	10.49	39.64	40.75	119.70	35.84	43.28
Y	6.90	0.80	1.90	0.40	2.50	0.09	0.10	0.40	4.19	0.15	0.18	0.64	0.20	0.30	1.18	0.74
Zr	15.00	7.00	11.00	7.00	10.00	0.16	0.04	2.18	25.96	0.46	0.60	2.61	0.32	0.78	1.57	3.47
Nb	0.81	0.04	0.51	0.11	0.37	0.04	0.02	0.23	2.26	0.04	0.06	0.11	0.06	0.10	0.29	0.32
Cs	1.04	0.51	0.91	0.58	0.76	0.07	0.05	0.35	3.07	0.07	0.13	0.16	0.07	0.08	0.26	0.43
Ba	79.00	13.00	23.00	23.00	34.50	7.58	9.50	10.64	33.69	2.92	24.02	12.62	8.93	13.55	13.09	13.65
Hf	0.38	0.08	0.28	0.16	0.23	0.01	0.00	0.07	0.78	0.01	0.02	0.05	0.01	0.02	0.06	0.10
Ta	0.05	0.05	0.05	0.05	0.05	0.01	0.01	0.03	0.17	0.01	0.00	0.02	0.04	0.06	0.10	0.05
Pb	2.00	1.00	2.00	1.00	1.50	14.58	10.83	19.22	14.97	9.22	33.69	123.30	16.71	23.12	114.70	38.03
Th	0.70	0.30	0.40	0.30	0.43	0.05	0.02	0.22	2.23	0.03	0.07	0.11	0.06	0.07	0.24	0.31
U	0.21	0.18	0.39	0.33	0.28	0.37	0.42	0.76	1.33	0.31	0.65	0.26	1.29	0.62	0.97	0.70
Mn/Sr	1.51	0.51	7.12	2.78	2.98	1.32	0.96	1.55	1.34	1.91	5.57	1.71	3.63	1.51	2.89	2.24
Mn/Ti	1.29	6.00	8.83	32.00	12.03	6.67	10.33	0.95	0.14	9.63	4.62	2.39	11.43	10.16	2.72	5.90
Th/U	3.33	1.67	1.03	0.91	1.74	0.12	0.04	0.28	1.68	0.10	0.11	0.43	0.05	0.12	0.24	0.32
V/Sc	5.96	107.14	13.73	63.64	47.62	180.33	260.00	88.67	9.81	305.00	80.71	93.33	98.40	96.20	29.75	124.22
V/Cr	2.34	6.00	2.00	1.79	3.03	0.92	1.14	1.16	0.80	1.60	1.14	0.62	0.71	0.61	0.55	0.93
V/(V+Ni)	0.62	0.61	0.48	0.58	0.57	0.53	0.52	0.58	0.62	0.54	0.63	0.47	0.50	0.44	0.58	0.54
Si/Ba	2.84	4.53	6.04	2.50	3.98	4.49	4.10	2.67	1.55	11.15	0.44	3.14	4.57	8.83	2.74	4.37

续表

含量 元素	高家山段					砂质白云岩段				藻白云岩段			
	DY01-09	DY01-08	DY01-07	DY01-04	平均	DY01-05	NYD5-8	DNY4-1	平均	NYD3-1	SNY08	NYDL-1	平均
Sc	7.05	12.97	4.89	3.11	7.01	2.36	5.09	1.48	2.98	0.10	0.05	0.05	0.07
Ti	2128.00	4526.00	2210.00	1579.00	2610.75	909.00	1554.00	371.00	944.67	5.00	5.00	5.00	5.00
V	38.00	64.00	45.00	28.00	43.75	37.00	28.00	9.00	24.67	3.00	5.00	3.00	3.67
Cr	31.30	71.90	39.60	21.90	41.18	18.10	20.70	4.10	14.30	2.50	2.50	2.50	2.50
Mn	103.00	71.00	88.00	193.00	113.75	230.00	186.00	133.00	183.00	96.00	126.00	125.00	115.67
Co	4.32	5.64	3.29	1.98	3.81	6.32	3.37	1.09	3.59	0.44	0.40	0.39	0.41
Ni	26.03	24.38	6.38	15.20	18.00	54.62	10.54	5.00	23.39	4.16	4.17	4.10	4.14
Cu	13.40	17.60	27.00	9.80	16.95	15.20	20.40	17.90	17.83	9.70	7.40	3.60	6.90
Zn	9.00	20.00	26.00	10.00	16.25	21.00	24.00	19.00	21.33	8.00	9.00	5.00	7.33
Ga	8.60	22.20	9.40	8.40	12.15	3.10	8.00	2.70	4.60	0.10	0.20	0.20	0.17
Ge	0.94	1.12	1.00	0.82	0.97	0.63	0.59	0.59	0.60	0.67	0.63	0.55	0.62
Rb	49.40	111.70	65.90	60.50	71.88	17.80	48.30	19.30	28.47	2.70	2.30	2.60	2.53
Sr	45.00	54.70	46.60	51.00	49.33	60.10	48.00	44.50	50.87	48.00	46.60	44.80	46.47
Y	32.80	17.90	16.10	15.30	20.53	12.90	8.80	3.70	8.47	0.40	0.50	0.60	0.50
Zr	94.00	211.00	132.00	96.00	133.25	55.00	89.00	24.00	56.00	8.00	7.00	7.00	7.33
Nb	5.30	13.68	5.81	4.46	7.31	2.31	4.06	1.12	2.50	0.10	0.04	0.40	0.18
Cs	2.90	9.22	2.56	5.32	5.00	3.02	3.35	3.04	3.14	0.54	0.52	0.51	0.52
Ba	177.00	530.00	520.00	555.00	445.50	103.00	279.00	172.00	184.67	5.00	3.00	6.00	4.67
Hf	2.55	5.75	3.51	2.68	3.62	1.16	2.60	0.76	1.51	0.09	0.08	0.09	0.09
Ta	0.32	0.87	0.38	0.20	0.44	0.13	0.26	0.13	0.17	0.05	0.05	0.05	0.05
Pb	16.00	11.00	21.00	8.00	14.00	71.00	6.00	6.00	27.67	1.00	1.00	0.00	0.67
Th	3.70	6.10	2.90	2.20	3.73	1.50	2.80	0.70	1.67	0.30	0.30	0.30	0.30
U	4.87	1.60	2.79	0.89	2.54	1.37	0.63	0.37	0.79	0.32	0.30	0.23	0.28
Mn/Sr	2.29	1.30	1.89	3.78	2.32	3.83	3.88	2.99	3.57	2.00	2.70	2.79	2.50
Mn/Ti	0.05	0.02	0.04	0.12	0.06	0.25	0.12	0.36	0.24	19.20	25.20	25.00	23.13
Th/U	0.76	3.81	1.04	2.47	2.02	1.09	4.44	1.89	2.47	0.94	1.00	1.30	1.08
V/Sc	5.39	4.93	9.20	9.00	7.13	15.68	5.50	6.08	9.09	30.00	100.00	60.00	63.33
V/Cr	1.21	0.89	1.14	1.28	1.13	2.04	1.35	2.20	1.86	1.20	2.00	1.20	1.47
V/(V+Ni)	0.59	0.72	0.88	0.65	0.71	0.40	0.73	0.64	0.59	0.42	0.55	0.42	0.46
Si/Ba	0.25	0.10	0.09	0.09	0.13	0.58	0.17	0.26	0.34	9.60	7.47	15.53	10.87

注:样品岩性写表3-4一致

表 3-2　南江地区灯影组各段样品的稀土元素数据及分析（×10⁻⁶）

含量 元素	磨坊岩段					碑湾段										
	DY02-01	DY02-03	DY02-05	DY02-07	平均	SNY40	SNY39	SNY37	SNY36	SNY35	SNY33	SNY31	SNY28	SNY25	SNY21	平均
La	2.90	0.20	2.00	0.40	1.38	0.17	0.11	0.56	5.33	0.14	0.19	0.47	0.28	0.33	1.02	0.86
Ce	12.40	0.40	2.90	0.80	4.13	0.31	0.16	1.19	12.05	0.25	0.40	0.82	0.50	0.59	1.41	1.77
Pr	1.03	0.04	0.40	0.10	0.39	0.04	0.02	0.12	1.32	0.04	0.05	0.12	0.06	0.08	0.22	0.21
Nd	4.60	0.20	1.40	0.40	1.65	0.13	0.09	0.50	4.91	0.14	0.19	0.43	0.22	0.29	0.92	0.78
Sm	1.09	0.04	0.24	0.08	0.36	0.02	0.02	0.09	1.00	0.02	0.04	0.08	0.04	0.05	0.18	0.15
Eu	0.25	0.02	0.06	0.01	0.09	0.00	0.00	0.01	0.18	0.00	0.00	0.01	0.00	0.01	0.04	0.03
Gd	1.17	0.07	0.28	0.07	0.40	0.02	0.02	0.10	0.91	0.03	0.04	0.09	0.04	0.06	0.20	0.15
Tb	0.20	0.01	0.06	0.05	0.08	0.00	0.00	0.01	0.15	0.01	0.01	0.01	0.01	0.01	0.03	0.02
Dy	1.02	0.06	0.24	0.08	0.35	0.02	0.02	0.09	0.88	0.03	0.04	0.09	0.03	0.05	0.15	0.14
Ho	0.19	0.01	0.05	0.01	0.07	0.00	0.00	0.02	0.18	0.01	0.01	0.02	0.01	0.01	0.03	0.03
Er	0.57	0.04	0.14	0.05	0.20	0.01	0.01	0.05	0.52	0.01	0.02	0.05	0.02	0.03	0.08	0.08
Tm	0.08	0.05	0.05	0.05	0.06	0.00	0.00	0.01	0.08	0.00	0.00	0.01	0.00	0.00	0.01	0.01
Yb	0.46	0.03	0.13	0.05	0.17	0.01	0.01	0.06	0.49	0.01	0.02	0.05	0.02	0.02	0.06	0.08
Lu	0.07	0.05	0.05	0.05	0.06	0.00	0.00	0.01	0.07	0.00	0.00	0.01	0.00	0.00	0.01	0.01
Ce/Ce*	1.73	1.08	0.78	0.96	1.14	0.93	0.79	1.08	1.09	0.77	0.99	0.84	0.91	0.9	0.71	0.90
Eu/Eu*	0.68	1.16	0.71	0.41	0.74	0.16	0.39	0.41	0.58	0.23	0.08	0.46	0.17	0.29	0.59	0.34
ΣREE	26.03	1.22	8	2.2	9.36	0.73	0.46	2.82	28.07	0.69	1.01	2.26	1.23	1.53	4.36	4.32
LREE/ HREE	9.05	3.88	10.11	5.47	7.13	17.25	10.5	10.28	10.84	8.86	9.1	8.42	12.67	11.75	10.78	11.05

续表

含量\元素	高家山段					砂质白云岩段				滩白云岩段			
	DY01-09	DY01-08	DY01-07	DY01-04	平均	DY01-05	NYD5-8	DNY4-1	平均	NYD3-1	SNY08	NYD1-1	平均
La	22.90	35.00	16.80	26.50	25.30	12.80	9.90	3.00	8.57	0.40	0.30	0.40	0.37
Ce	28.20	43.30	20.50	26.20	29.55	16.00	19.50	6.50	14.00	0.70	0.60	0.60	0.63
Pr	5.39	7.79	3.81	5.14	5.53	2.93	2.30	0.84	2.02	0.08	0.08	0.08	0.08
Nd	23.30	28.40	14.60	20.00	21.58	13.60	8.60	3.40	8.53	0.40	0.30	0.30	0.33
Sm	4.19	3.14	2.59	2.25	3.04	2.73	1.66	0.69	1.69	0.07	0.05	0.07	0.06
Eu	0.96	0.59	0.62	0.45	0.66	0.56	0.41	0.22	0.40	0.01	0.01	0.05	0.02
Gd	4.69	2.48	2.75	2.13	3.01	2.65	1.51	0.73	1.63	0.07	0.06	0.07	0.07
Tb	0.79	0.45	0.50	0.32	0.52	0.36	0.29	0.13	0.26	0.01	0.01	0.05	0.02
Dy	4.24	2.57	2.73	1.72	2.82	1.74	1.53	0.64	1.30	0.05	0.05	0.05	0.05
Ho	0.87	0.56	0.52	0.38	0.58	0.30	0.30	0.13	0.24	0.01	0.01	0.05	0.02
Er	2.58	1.93	1.53	1.19	1.81	0.88	1.01	0.38	0.76	0.03	0.03	0.04	0.03
Tm	0.38	0.32	0.23	0.17	0.28	0.13	0.16	0.05	0.11	0.05	0.05	0.05	0.05
Yb	2.24	2.13	1.37	1.19	1.73	0.69	1.06	0.33	0.69	0.03	0.05	0.03	0.04
Lu	0.32	0.32	0.20	0.18	0.26	0.10	0.15	0.06	0.10	0.05	0.05	0.05	0.05
Ce/Ce*	0.61	0.63	0.62	0.54	0.60	0.63	0.98	0.99	0.87	0.94	0.93	0.81	0.89
Eu/Eu*	0.66	0.65	0.71	0.63	0.66	0.64	0.79	0.95	0.79	0.44	0.56	2.18	1.06
ΣREE	101.05	128.98	68.75	87.82	96.65	55.47	48.38	17.1	40.32	1.96	1.65	1.89	1.83
LREE/HREE	7.85	14.58	8.71	16.05	11.80	12.21	9.75	8.94	10.3	7.52	5.6	4.91	6.01

注:样品岩性与表 3-4 一致;Ce 和 Eu 异常的计算公式为 $Ce/Ce* = Ce_n/(La_n \times Pr_n)^{1/2}$,$Eu/Eu* = Eu_n/(Sm_n \times Gd_n)^{1/2}$。

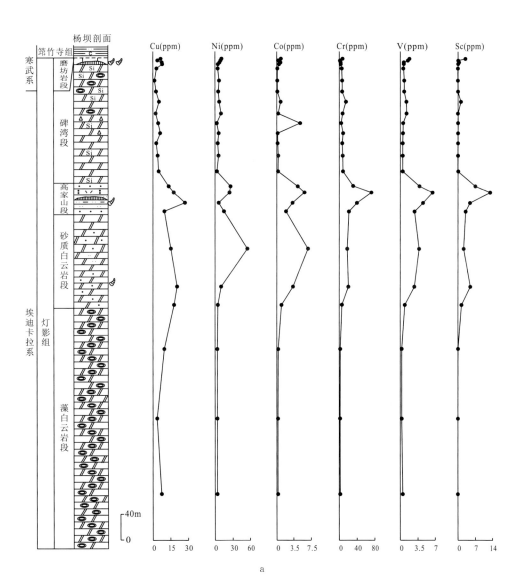

a

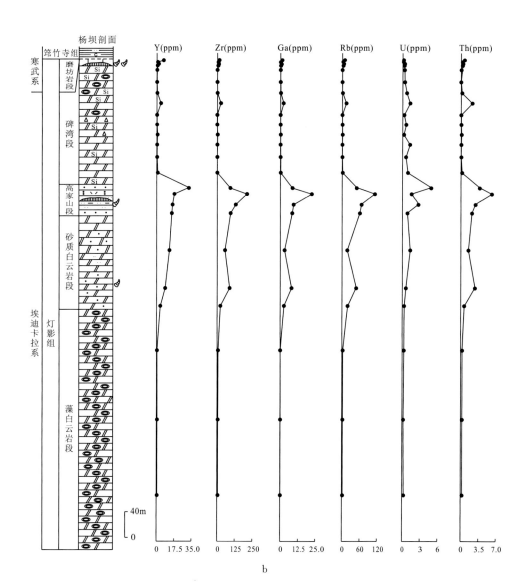

b

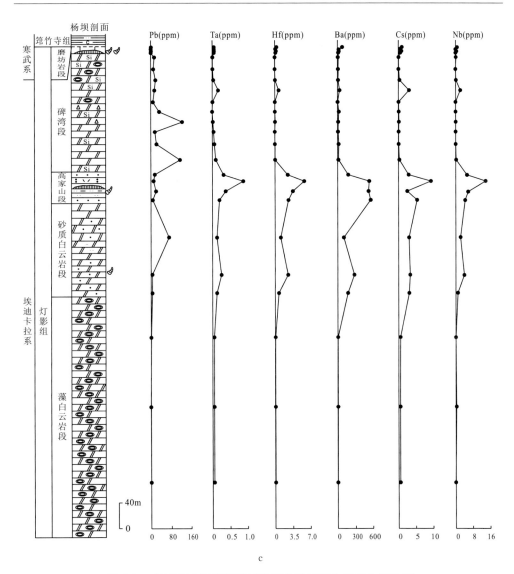

图 3-1　南江地区杨坝剖面灯影组微量元素含量变化趋势图

2. Sr/Ba 值

Sr、Ba 是化学性质相似的碱金属元素，不仅可以用 Sr/Ba 值的变化来判断海、陆相沉积物，而且可以作为衡量海底热水流体作用的尺度(孙省利等，2003)。例如，广东大宝山矿床(泥盆纪地层)中的热液沉积岩的 Sr/Ba 值小于 1(最低为 0.04)，非热液沉积岩的 Sr/Ba 值大于 1(大理石为 7，正常灰岩为 20)(葛朝华和韩发，1987；孙省利等，2003)；现代冲绳海槽的沉积物也具有这个特点，海底火山喷发产物灰白色浮岩的 Sr/Ba 值小于 1(为 0.2~0.444)(翟世奎等，2001)，非热水沉积物的 Sr/Ba 值大于 1(为 1.243)(赵一阳等，1996)。另外，在海相环境中，仅有深海与滞留浅海环境的 Sr/Ba 值小于 1(刘家军等，1998)。

灯影组样品的 Th/U 值变化明显，测试结果如图 3-2 所示。灯影组磨坊岩段，4 个样品的 Sr/Ba 值为 2.50~6.04，均大于 1；灯影组碑湾段，10 个样品的 Sr/Ba 值为 0.44~11.15，1 个样品的 Sr/Ba 值小于 1，其余 9 个样品的 Sr/Ba 值大于 1；灯影组高家山段，4 个样品的 Sr/Ba 值为 0.09~0.25，均小于 1；灯影组砂质白云岩段，3 个样品的 Sr/Ba 值为 0.17~0.58，均小于 1；灯影组藻白云岩段，3 个样品的 Sr/Ba 值为 7.47~15.53，均大于 1。可以看出，只有灯影组砂质白云岩段、高家山段及碑湾段少数样品的 Sr/Ba 比值特征小于 1。

灯影组中部分样品的 Sr/Ba 值小于 1，这是热水沉积岩或沉积物的 Sr/Ba 值特征，还是深海与滞留浅海环境中的 Sr/Ba 值特征？根据生物特征可知，藻类化石在灯影组砂质白云岩段、高家山段及碑湾段的岩层中富集，岩石的颜色较浅，表明当时的海洋沉积环境应该是阳光充足的滨浅海环境。Sr/Ba 值小于 1 的样品，其形成环境与深海或滞留浅海环境无关，因此判断可能是沉积环境中存在的热水活动所致。

3. Th/U 值

一般情况下，热水沉积岩中的 Th/U 值小于 1，而水成沉积岩中的 Th/U 值大于 1(Rona，1978)。Th/U 值也可指示硅质岩中元素的物质来源，海相沉积硅质岩中比值较高；当硅质流体来自深部地壳或上地幔时，比值非常低(McLennan and Taylor，1980，陈永权等，2010)。

灯影组样品的 Th/U 值变化明显，测试结果如图 3-2 所示。磨坊岩段，4 个样品的 Th/U 值为 0.91~3.33，3 个样品大于 1，其中 1 个样品的比值大于 2。灯影组碑湾段，10 样品的 Th/U 值为 0.04~1.68，其中 9 个样品小于 1；灯影组高家山段，4 个样品的 Th/U 值为 0.76~3.81，其中 3 个样品大于 1；灯影组砂质白云岩段，3 个样品的 Th/U 值为 1.09~1.89，其中 3 个样品均大于 1；灯影组藻白云岩段，3 个样品的 Th/U 值为 0.94~1.30，其中 2 个样品大于或等于 1。由此可以看出，本区灯影组碑湾段所测样品的 Th/U 值多数小于 1，具有缺氧的热水沉积环境特征。其他层位样品的 Th/U 值多数大于 1，具有水成沉积环境特征。

一般来说，缺氧的环境中 Th/U 值为 0~2，而在氧化环境中可达到 8(Wigal and Twitchett，1996；Kimura and Watanabe，2001；严德天等，2009)。24 块样品中，只有 3 个样品的比值大于 2，分别来自灯影组磨坊岩段、高家山段和砂质白云岩段，表明当时的整体环境中是缺氧的，局部是富氧的。

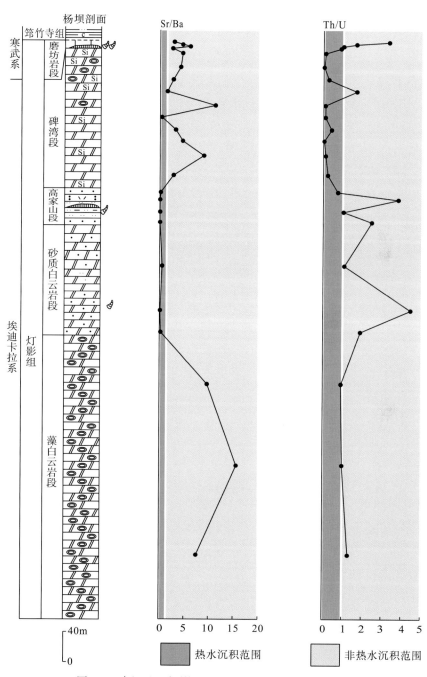

图 3-2　南江地区灯影组 Si/Ba、Th/U 值变化趋势图

4. V/Sc、V/Cr 和 V/(V+Ni)值

V 也是一种对氧化还原环境条件敏感的元素，在缺氧或贫氧水体的下伏沉积物中富集。可以根据微量元素 V/Sc、V/Cr 和 V/(V+Ni)值范围判断环境中含氧程度。

V 的富集程度可用 Sc 的丰度来校正，因为 V 和 Sc 都是不可溶性的，而且 V 随 Sc 呈比例地变化。V/Sc 值，在缺氧环境中高，而在富氧环境中低(严德天等，2009)。样品测试结果如图 3-3 所示。V/Sc 值范围较大：灯影组磨坊岩段，4 个样品的 V/Sc 值为 5.96~107.14；灯影组碑湾段，10 个样品的 V/Sc 值为 9.81~305.00；灯影组高家山段，4 个样品的 V/Sc 值为 4.93~9.2；灯影组砂质白云岩段，3 个样品的 V/Sc 比值为 5.50~15.68；灯影组藻白云岩段，3 个样品的 V/Sc 值为 30.00~100.00。表明多数样品是在缺氧或贫氧的环境中形成的，局部为富氧条件。表明当时的海洋，氧含量是波动的。

V/Cr 值，在缺氧环境下的比值大于 4.25，在贫氧环境下为 2~4.25，而在富氧环境下小于 2(严德天等，2009)。样品测试结果如图 3-3 所示。灯影组磨坊岩段，4 个样品的 V/Cr 值为 1.79~6.00，1 个样品的值小于 2，2 个样品的值大于或等于 2，1 个样品值 6.00；灯影组碑湾段，10 个样品的 V/Cr 值为 0.55~1.60，所有样品值均小于 2；灯影组高家山段，4 个样品的 V/Cr 值为 0.89~1.28，所有样品值均小于 2；灯影组砂质白云岩段，3 个样品的 V/Cr 值为 1.35~2.20，2 样品值均大于 2；灯影组藻白云岩段，3 个样品的 V/Cr 值为 1.20~2.00，2 样品值小于 2，1 个样品值等于 2。样品的 V/Cr 值特征表明，多数样品的沉积环境为富氧或贫氧环境。

V/(V+Ni)值，在缺氧环境下的比值大于 0.60，而在富氧环境下小于 0.45，而在贫氧环境下为 0.45~0.60(严德天等，2009)。样品测试结果如图 3-3 所示。灯影组磨坊岩段，4 个样品的 V/(V+Ni)值为 0.48~0.62，2 个样品的值为 0.45~0.60，2 个样品值大于 0.60；灯影组碑湾段，10 个样品的 V/(V+Ni)值为 0.44~0.63，9 个样品值位于 0.45~0.60，1 个样品值小于 0.45；灯影组高家山段，4 个样品的 V/(V+Ni)值为 0.59~0.88，1 个样品的值位于 0.45~0.60，3 个样品的值大于 0.60；灯影组砂质白云岩段，3 个样品的 V/(V+Ni)值为 0.40~0.73，1 个样品值小于 0.45，2 个样品值大于 0.60；灯影组藻白云岩段，3 个样品的 V/(V+Ni)值为 0.42~0.55，2 个样品值小于 0.45，1 个样品值位于 0.45~0.60。表明灯影组沉积环境中，总体以缺氧或贫氧为特征，只是在藻白云岩段和磨坊岩段中的部分样品表现为富氧特征，可能与藻类的繁盛有关。

总体指标表明，灯影组沉积环境中，海水中的氧含量是变化的，导致环境由缺氧到贫氧，甚至局部时间段处于富氧状态。

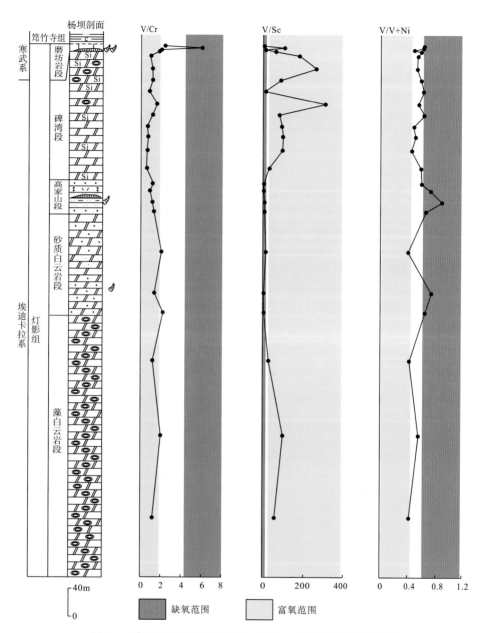

图 3-3　南江地区灯影组 V/Cr、V/Sc、V/V+Ni 值变化图

5. 稀土元素特征

南江地区灯影组各段岩石样品的稀土元素测试数据及计算结果如表 3-1 和图 3-4所示。

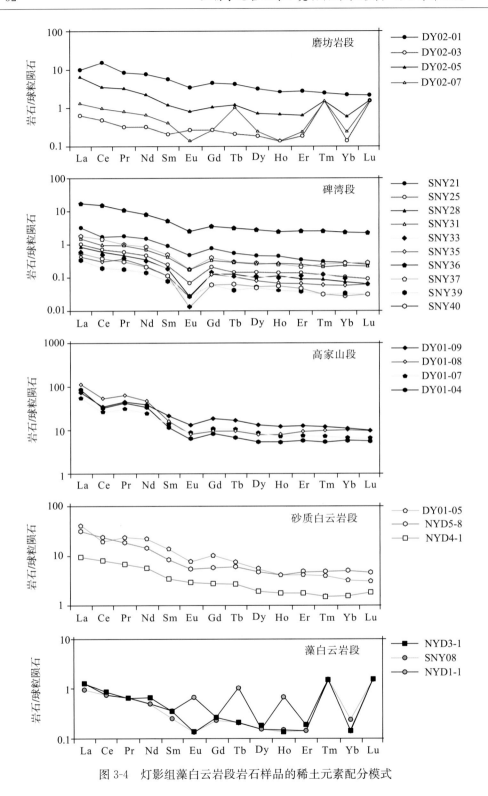

图 3-4　灯影组藻白云岩段岩石样品的稀土元素配分模式

区内各类岩石样品的稀土含量普遍较低（$\sum REE = 0.46 \times 10^{-6} \sim 128.98 \times 10^{-6}$），LREE 富集（LREE/HREE＝3.88～17.25）；Ce 具有弱的负异常（$\delta Ce＝0.54～1.73$），只有 4 个样品的 δCe 异常值大于 1；多数岩石样品具有明显的 Eu 负异常（$\delta Eu＝0.08～2.18$），只有 1 个岩石样品 δEu 值大于 1。多数样品的球粒陨石标准化后的配分曲线呈右倾型，重稀土曲线趋于平直，部分样品的重稀土配分曲线呈锯齿状。

一般认为，在还原条件下，Eu 以 Eu^{2+} 形式存在，与其他稀土元素发生分馏，Eu 也呈现负异常；氧化条件下，以 Eu^{3+} 形式存在，不发生分馏。根据有关热水沉积资料总结和分析（庞艳春等，2012）可知，与古代热水作用有关的沉积岩，稀土特征及球粒陨石标准化配分模式大致可分为两类：①与含热液组分较高的现代海相热水沉积物特征一致，具有稀土含量较低、Eu 正异常、LREE 富集的特征，这类沉积岩样品以重晶石岩、钠长石岩和硅质岩为主，为典型的热水沉积岩；②与现代海相热水沉积物不完全一致，具有稀土含量高、Eu 负异常、LREE 富集的特征，这类沉积岩样品以碎屑岩为主。这两类稀土配分模式的主要区别就在于，后一种配分模式具有稀土含量相对较高、Eu 负异常的特征。因此，用 Eu 负异常值判断灯影组沉积环境时，存在多解性。

Murray 等（1993）对美国西海岸加利福尼亚侏罗纪—白垩纪燧石进行 REE 研究，结果表明，形成于大陆边缘环境的燧石具有弱的 δCe（北美页岩标准化）负异常或为正异常（0.79～1.54），而洋中脊环境中的 Ce 异常为明显的负异常（平均值为 0.30），大洋底环境的燧石为中等 Ce 负异常（平均值为 0.55）。本书所测样品的 Ce 负异常值为 0.54～1.73，平均值为 0.89，属于大陆边缘范围特征值。

3.1.3　常量元素结果及讨论

岩石样品的常量元素测试结果如表 3-3～表 3-5 所示。

表 3-3　四川南江地区灯影组岩石样品的常量元素含量　　　　　（单位：%）

编号	层位	SiO_2	Al_2O_3	Fe_2O_3	FeO	MgO	CaO	Na_2O	K_2O	MnO	P_2O_5	TiO_2	总计
DY02－01		6.14	0.64	0.35	0.2	1.17	49.85	0.02	0.27	0.043	0.219	0.043	99.89
DY02－03	磨坊岩段	3.91	0.05	0.04	0.13	0.7	51.61	0.02	0.02	0.004	0.09	0.001	99.92
DY02－05		9.35	0.05	0.08	0.21	13.36	32.11	0.08	0.16	0.134	0.092	0.02	99.91
DY02－07	碑湾段	36.68	6.26	0.06	0.17	12.38	16.19	0.06	0.06	0.022	0.034	0.001	99.95

续表

编号	层位	SiO₂	Al₂O₃	Fe₂O₃	FeO	MgO	CaO	Na₂O	K₂O	MnO	P₂O₅	TiO₂	总计
DY01-09	高家山段	76.82	6.5	1.93	0.17	1.36	3.79	0.09	4.38	0.013	2.13	0.357	99.91
DY01-08		62.04	17.79	4.41	0.53	2.4	0.29	0.08	7.61	0.009	0.15	0.775	99.91
DY01-07		79.18	9.77	2.83	0.16	0.8	0.25	0.07	4.45	0.011	0.057	0.372	99.94
DY01-04		72.06	7.9	1.25	0.28	2.76	3.57	0.09	4.51	0.025	0.067	0.263	99.91
DY01-05	砂质白云岩段	12.72	2.55	4.51	0.23	19.99	22.48	0.13	1.45	0.03	0.219	0.155	99.95
NYD5-8		34.53	6.07	0.56	0.75	13.34	14.48	0.16	0.025	0.104	0.27	99.94	
NYD4-1		16.35	2.73	0.34	0.17	20.04	20.74	0.17	2.37	0.018	0.059	0.065	99.92
NYD3-1	藻白云岩段	4.75	0.05	0.05	0.17	20.68	27.27	0.2	0.06	0.012	0.041	0.001	99.9
SNY08		4.27	0.05	0.05	0.16	21.46	26.88	0.15	0.03	0.016	0.025	0.001	99.91
NYD1-1		4.19	0.05	0.05	0.13	21.87	26.4	0.17	0.02	0.016	0.022	0.001	99.94

注：样品岩性与表 3-4 一致

1. Fe-Mn−(Cu+Ni+Co)×10 三元图解

前人(Rona，1978；Boström，1983)通过对现代热水沉积物研究及总结认为，热水沉积物沉积速率很高，没时间与海水充分作用，以致样品中 Cu、Co 和 Ni 元素的含量较低，海底热水沉积物与水成沉积物的元素组成在 Fe-Mn−(Cu+Co+Ni)×10 三角形图中具有各自明显的集中区。古代热水沉积岩的研究结果也具有这一特点，河北兴隆地区海底喷气成因的硫化物黑色页岩样品、南秦岭旬阳盆地下古生界热水沉积岩钠长石岩和硅质岩样品以及中天山下石炭统热水成因重结晶灰岩样品在此图中的投点均落入热液沉积物区域内(薛春纪等，2005；张志斌等，2007)。

将本区样品的测试结果在 Fe-Mn−(Cu+Co+Ni)×10 三元图中进行投点，结果如图 3-5 所示，所有样品的投点均落在了热水沉积物区区域内(HD)，并且有样品落在了红海热液沉积物区域(RH)与热液沉积物区域(HD)的共有区域内，这些样品集中靠近 Fe 元素的一端，明显相对富集 Fe 元素。

2. Fe-Mn-Al 三元图解

岩石中的 Fe、Mn、Al 和 Ti 是判别热水沉积硅质岩成因的重要标志之一。前人根据热水沉积硅质岩和生物成因硅质岩的特征，总结了硅质岩的 Fe-Mn-Al 三元图解(Adachi et al.，1986)，认为高含量的 Fe₂O₃ 与 MnO 常与大洋中脊处富含金属质的热源相关，从大洋中脊向大陆边缘方向，两者含量逐渐减低，Al、Ti

和 K 则与陆缘碎屑物的输入紧密相关。

在 Fe-Mn-Al 三元图解上(图 3-6),本区灯影组所测 14 块岩石样品中,有 5 块样品投在了热水沉积区,该投点图也能显示本区灯影组部分岩石样品中具有热水成因的物质加入。

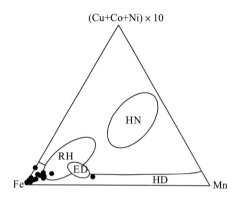

图 3-5　Fe-Mn-(Cu+Ni+Co)×10 图解(底图据 Boström,1983)

RH. 红海热液沉积物;HN. 水成沉积物;HD. 热液沉积物;ED. EPR 区热液沉积物

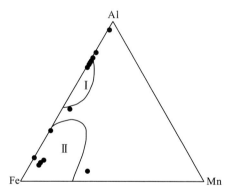

图 3-6　Fe-Mn-Al 图解(底图据 Adachi et al,1986;马文辛等,2011)

Ⅰ. 生物化学沉积区;Ⅱ. 热水沉积区

3. $SiO_2/Al_2O_3-K_2O/Na_2O$ 二元图解

剖面中的双变量元素 $SiO_2/Al_2O_3-K_2O/Na_2O$ 图解(图 3-7),可用来判断沉积物的物质来源:大陆边缘、活动大陆边缘以及大陆岛弧(Bhatia,1983,Roser and Korsch,1986;顾雪祥等,2003)。

将研究区灯影组中的沉积岩样品的元素测试结果在双变量 $SiO_2/Al_2O_3-K_2O/Na_2O$ 图中投点发现,岩石样品主要落入被动大陆边缘区域中,表明岩石样品的物源与被动大陆边缘关系密切。而这与地质背景是一致的,灯影组沉积时期的南江地区靠近扬子地台北部的被动大陆边缘。

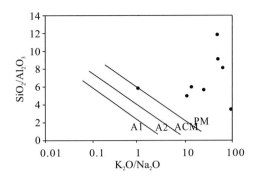

图 3-7　SiO₂／Al₂O₃－K₂O／Na₂O 二元图解

（底图据 Roser and Korsch，1986；张力强等，2014）

A1. 玄武质和安山质碎屑的岛弧环境；A2. 长英质侵入岩碎屑的岛弧环境；

ACM. 活动大陆边缘；PM. 被动大陆边缘

4. K₂O-Rb 二元图解

Paola 等(2002)通过 K₂O-Rb 作图，可将富火山碎屑沉积与高度风化来源物质区别开，较高的 K₂O/Rb 值代表沉积物质富火山碎屑；低的 K₂O/Rb 值表明源岩曾经历强烈风化。

研究区所测样品在 K₂O-Rb 图上投点结果表明(图 3-8)，有 6 块样品落入富火山碎屑沉积源区，其他样品均落入高度风化源区与富火山碎屑沉积源区的界线处。表明灯影组沉积时期，海洋环境中有火山物质混入。结合区域资料可知，灯影组沉积时期，稳定的扬子板块北缘局部有小规模的火山喷发活动。

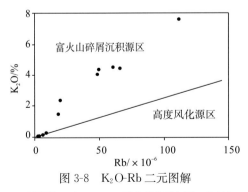

图 3-8　K₂O-Rb 二元图解

（底图据 Paola，2002；熊小辉和肖加飞，2011）

5. P₂O₅ 含量变化与分析

常量元素的测试结果表明，灯影组中 P₂O₅ 含量，从下到上出现了一定的变动(表 3-4，图 3-9)：藻白云岩段的 P₂O₅ 含量(0.008%～0.041%)和碑湾段中的

P_2O_5 含量(0.0067%~0.214%)较低，在砂质白云岩段(0.056%~0.130%)、高家山段(0.057%~2.118%)和磨坊岩段(0.034%~5.51%)中出现了局部层位岩石中 P_2O_5 含量增高的现象。

表 3-4　四川南江地区前寒武系—寒武系界线地层中的 P_2O_5 含量(%)测试结果统计表

样品编号	岩性	$\omega(P_2O_5)/\%$	样品编号	岩性	$\omega(P_2O_5)/\%$
SNY40	白云岩	0.0157	NYD3-(3)	皮壳状白云岩	0.032
SNY39	白云岩	0.0153	NYD3-(2)	皮壳状白云岩	0.016
SNY38	白云岩	0.0163	NYD3-(1)	皮壳状白云岩	0.020
SNY37	白云岩	0.0236	NYD1-(1)	皮壳状白云岩	0.008
SNY36	白云岩	0.0715	NSQ16	粉砂质页岩	0.177
SNY35	白云岩	0.0213	NSQ15	粉砂质页岩	0.194
SNY34	白云岩	0.0349	NSQ14	粉砂质页岩	0.219
SNY33	白云岩	0.0067	NSQ13	粉砂质页岩	0.239
SNY32	白云岩	0.0491	NSQ12	粉砂质页岩	0.21
SNY31	白云岩	0.0409	NSQ10	粉砂质页岩	0.19
SNY30	白云岩	0.0906	NSQ9	页岩	0.184
SNY29	白云岩	0.0101	NSQ6	灰岩	5.51
SNY28	白云岩	0.0331	NSQ5	灰岩	0.285
SNY27	白云岩	0.0147	NSQ4	白云质灰岩	0.210
SNY26	白云岩	0.0161	NSQ2	白云岩	0.181
SNY25	白云岩	0.0389	NSD2	白云岩	0.214
SNY24	白云岩	0.0451	DY02-01	灰岩	0.219
SNY23	白云岩	0.0240	DY02-03	灰岩	0.090
SNY22	白云岩	0.0774	DY02-05	灰岩	0.092
SNY21	白云岩	0.1811	DY02-07	硅化灰岩	0.034
SNY20	白云岩	0.0398	DY01-09	凝灰质砂岩	2.130
NYD17-(1)	白云岩	0.034	DY01-08	砂岩	0.150
NYD16-(2)	白云岩	0.025	DY01-07	砂质泥岩	0.057
NYD15	白云岩	0.089	DY01-04	砂岩	0.067
NYD14	白云岩	0.007	DY01-05	砂岩	0.219
NYD13	白云岩	0.022	NYD5-8	砂质白云岩	0.104
NYD12	白云岩	0.030	NYD4-1	砂质白云岩	0.059
NYD5-(2)	砂质白云岩	0.125	NYD3-1	皮壳状白云岩	0.041
NYD5-(1)	砂质白云岩	0.130	NYD1-1	藻白云岩	0.022
NYD3-(5)	皮壳状白云岩	0.028	SNY08	藻白云岩	0.025

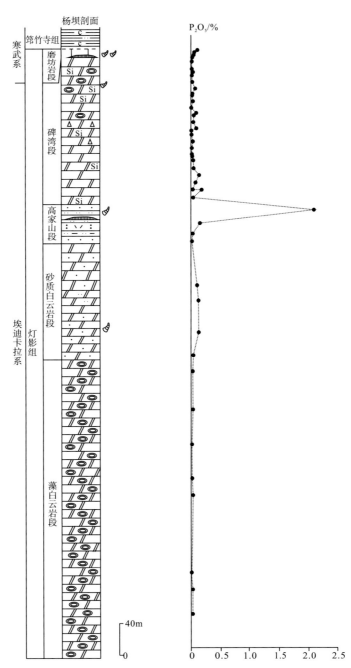

图 3-9　四川南江地区灯影组 P_2O_5 地球化学特征

当白云岩和微-亮晶含砂内碎屑灰岩样品被放进醋酸溶液(3％～5％)中浸泡15 天后，大量小壳化石和胶磷矿碎屑颗粒在编号为 NSQ6（P_2O_5 含量为 5.51％）的磨坊岩段样品中获得，在编号为 NSQ2（P_2O_5 含量为 0.181％)的磨坊岩段样品中只获得少数化石，而在其他样品中没有获得化石。

岩石薄片分析发现，除了磨坊岩段外，在砂质白云岩段和高家山段层位的岩石薄片中均发现了少量的带壳后生动物化石碎片。而这些层位中的 P_2O_5 含量是相对较高的。并且由图 3-9 可以看出，P_2O_5 含量越高，小壳化石的数量越多，而 P_2O_5 含量越低，小壳化石的数量越少。

毫无疑问，小壳化石数量与样品中的 P_2O_5 含量成正比。这一规律，不仅表现在前寒武系—寒武系界线的纵向变化上，也表现在横向变化上。杨坝剖面磨坊岩段中的磷质含量较低，最高含量只有 0.219％，灰岩中的小壳化石数量极少，个体较小，通常小于 0.2mm，不易识别；而在沙滩剖面的磷质含量最高可达5.51％，灰岩中的小壳化石相对较多，个体较大，最大个体长度可达 2mm。更有资料显示(杨暹和等，1983)，南江地区新立剖面的新立段中可见明显硅质胶磷矿薄层，该剖面中的小壳化石密集，属种多，个体较大，大者可达 8mm。由地层沿革可知，新立段和磨坊岩段为同时异相，前者为白云岩并含有胶磷矿，后者为石灰岩相并含大量沥青质而无胶磷矿。

综上所述，磷质小壳化石出现磷质含量逐渐增加的沉积背景中，由此推测，磷质含量的增加在小壳动物群爆发过程中可能起到了重要作用。

6. SiO_2 含量变化与分析

主量元素的测试结果统计(表 3-5，图 3-10)表明：藻白云岩段硅质含量较低，SiO_2 含量为 4.33％～4.8％；砂质白云岩段中可见石英颗粒，SiO_2 含量为12.44％～33.11％；高家山段中以含石英颗粒碎屑的碎屑岩沉积和硅质页岩为主，SiO_2 含量为 60.43％～78.55％；碑湾段中出现了硅化白云岩或硅质岩，SiO_2含量为 0.36％～75.47％；磨坊岩段中出现了微-亮晶含砂内碎屑灰岩，SiO_2 含量为 4.03％～13.63％。

已有资料和野外踏勘情况表明，扬子地台区灯影组上部地层中硅质物质普遍增多，以条带、团块或层状形式分布于白云岩中，横向分布稳定。南江地区灯影组的岩性组合中也存在这个特点。由此可知，主量元素的测试结果与岩石手表本特征及岩石薄片特征一致：灯影组下部岩石中的硅质含量少，灯影组上部白云岩中的硅质含量间断性增加。

上述分析可知，南江地区灯影组沉积中晚期，海洋中的硅元素呈明显上升趋势。硅在 20 世纪 70 年代才被认为是高等动物和人类所必需的微量元素，硅能维持骨骼、软骨和结缔组织正常生长，同时参与其他一些重要的生命代谢过程（王夔，1992）。由此推测，在早期后生动物演化出骨骼的过程中，硅质元素有可能也起到了非常重要的作用。

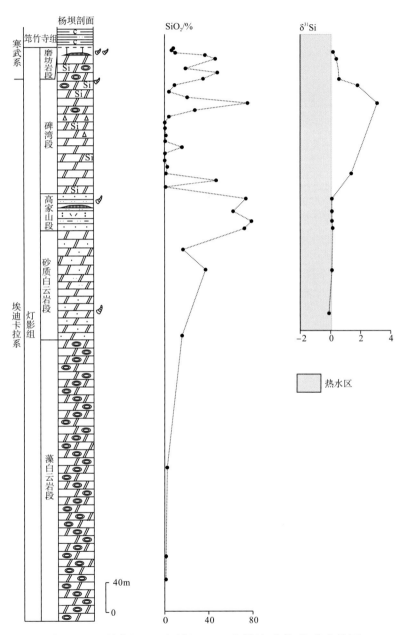

图 3-10　四川南江地区灯影组 SiO_2 含量及 "$\delta^{31}Si$" 值变化图

表 3-5　南江地区灯影组岩石中 SiO₂硅含量及硅同位素特征

岩石编号	层位	岩石类型	$\omega(SiO_2)$/%	$\delta^{30}Si$	岩石编号	层位	岩石类型	$\omega(SiO_2)$/%	$\delta^{30}Si$
NSQ6	磨坊岩段	砂屑灰岩	13.63	—	SNY27	碑湾段	灰质白云岩	0.56	—
SM05		砂屑灰岩	—	0.5	SNY26		灰质白云岩	15.79	—
DY02—01		灰岩	6.26	—	SNY25		白云岩	0.51	—
DY02—03		灰岩	4.03	—	SNY24		白云岩	0.5	—
DY02—05		硅质灰岩	8.9	0.2	SNY23		白云岩	2.77	—
DY02—07	碑湾段	硅化白云岩	35.14	—	SNY22		白云岩	1.19	—
SNY40		硅化白云岩	46.18	0.4	SNY21		硅化白云岩	46.68	1.4
SNY39		硅化白云岩	19.03	—	SNY20		白云岩	1.79	—
SNY38		硅化白云岩	47.88	0.6	DY01—10	高家山段	砂岩		0.1
SNY37		硅化白云岩	34.65	1.8	DY01—09		沉凝灰岩	76.44	0.1
SNY36		白云岩	8.87	—	DY01—08		砂岩	60.43	—
SNY35		白云岩	3.93	—	DY01—07		砂质泥岩	78.55	0.1
SNY34		弱硅化白云岩	20.46	—	DY01—04		砂岩	72.13	0.2
SNY33		假角砾硅化白云岩	75.47	3.1	DY01—05	砂质白云岩段	砂质白云岩	12.44	—
SNY32		弱硅化灰质白云岩	27.31	—	NYD5—8		砂质白云岩	33.11	0.1
SNY31		灰质白云岩	4.13	—	NYD4—1		砂质白云岩	15.52	—0.2
SNY30		白云岩	0.36	—	NYD3—1	藻白云岩段	皮壳状白云岩	4.8	—
SNY29		灰质白云岩	0.46	—	SNY08		藻白云岩	4.33	—
SNY28		白云岩	1.32	—					
小壳化石体腔中的石英(Chen，2007)									—0.6
磷质岩中的石英(Chen，2007)									—0.7

3.2　硅同位素特征及分析

3.2.1　样品选择及实验方法

选择测试的样品来自前寒武系—寒武系界线地层灯影组上部地层中，主要为碳酸盐岩，包括白云岩和灰岩以及硅化灰岩。根据表 3-5 中的数据，将岩石中 SiO₂含量较高的样品单独挑出来，进行硅同位素测试。

先将岩石碎成 200 目的碎样，用稀盐酸浸泡和溶解易溶的碳酸盐矿物，再用蒸馏水浸泡、冲洗未溶解的物质。如此反复多次，直到碎样遇稀盐酸不再反应。冲洗干净的剩余碎样被蒸干，即可获得相对较纯的硅质物质干样。然后将获得的硅质物质干样送核工业北京地质研究院分析测试研究中心进行硅同位素的测试。

3.2.2 实验结果及讨论

硅同位素研究的重要应用领域就是判断硅质岩的成因（陈永权等，2010），包括 SiO_2 来源及其沉积机理，不同来源的石英有不同的 Si 同位素值：低温地下水中自生沉淀的石英 $\delta^{30}Si$ 值为 1.1‰～1.4‰；热液来源石英 $\delta^{30}Si$ 值较小，一般变化为－2.1‰～0‰；交代成因硅质岩的 $\delta^{30}Si$ 值可为 2.4‰～3.8‰。

南江地区灯影组岩石中的 Si 同位素值测试结果如表 3-5 和图 3-10 所示。

砂质白云段中，1 块样品中的 Si 同位素值－0.2‰，具有典型的热液成因特征；1 块样品的 Si 同位素值为 0.1‰，接近热液沉积的范围。

高家山段中，4 块岩石样品的 Si 同位素值为 0.1‰～0.2‰，接近热液沉积的范围。

碑湾段中，1 块样品的 $\delta^{30}Si$ 值为 1.4‰，属于低温地下水中自生沉淀的石英；1 个岩石样品的 $\delta^{30}Si$ 值为 3.1‰，属于交代成因，与薄片鉴定结果一致，即局部发生了较强的硅化作用导致了较高的 $\delta^{30}Si$ 值；2 块样品的 $\delta^{30}Si$ 值为 0.4‰～0.6‰，属于热液成因至低温热水成因之间；1 个岩石样品的 $\delta^{30}Si$ 值为 1.8‰，属于低温地下水成因至交代成因的范畴。

磨坊岩段，2 块岩石样品的同位素值为 0.2‰～0.5‰，接近热液沉积的范围。

已有资料显示（Chen et al.，2007），对小壳化石体腔中的石英和磷质岩中的石英进行了测试，硅同位素值分别为－0.6‰和－0.7‰，也属于热液沉积的范围。

综上所述，在灯影组砂质白云岩段、高家山段、碑湾段和磨坊岩段，皆有样品的 $\delta^{30}Si$ 值出现了热水成因的特征。

3.3 有机碳含量特征及分析

3.3.1 样品选择及测试

样品采自四川南江县杨坝镇的杨坝剖面灯影组中，分别属于灯影组不同的层位，包括灯影组中的藻白云岩段、砂质白云岩段、碑湾段和磨坊岩段。样品的岩性包括藻白云岩、硅化白云岩、砂质白云岩和白云质灰岩。测试分析工作是在四川石油管理局地质勘探开发研究院地质实验室完成的。

3.3.2 实验结果及讨论

所有样品有机碳含量的测试结果如表 3-6 所示。

表 3-6 南江地区灯影组不同层位岩石的有机碳含量

层位	编号	岩性	有机碳/%
磨坊岩段	NSQ5*	砂砾屑白云质灰岩	0.14
	NSQ4*	白云质灰岩	0.78
	NSQ2*	白云质灰岩	0.13
碑湾段	NSD2*	中晶白云岩	0.45
	NYD17−1	硅化白云岩	0.63
	NYD16−2	硅化白云岩	0.26
	NYD15	硅化白云岩	0.47
	NYD14	硅化白云岩	1.80
	NYD13	硅化白云岩	0.78
	NYD12	硅化白云岩	1.94
砂质白云岩段	NYD5−2	砂质白云岩	0.03
	NYD5−1	砂质白云岩	0.03
藻白云岩段	NYD3−5	藻白云岩	1.44
	NYD3−3	藻白云岩	0.02
	NYD3−2	藻白云岩	1.95
	NYD3−1	藻白云岩	1.51
	NYD1−1	藻白云岩	3.13
均值			1.19

注：标有 * 的样品数据引自庞艳春等(2010)

灯影组各类岩石样品中的有机碳含量为 0.02%～3.13%，平均含量为 1.19%。其中藻白云岩段样品中的有机碳含量最高，除 1 块样品的有机碳较低外，其余有 4 块样品的有机质含量为 1.44%～3.13%；砂质白云岩段中岩石样品的有机碳含量最低，2 块岩石样品的有机质含量均为 0.03%。

有机碳含量的变化如图 3-11 所示。灯影组中的有机碳含量普遍较高，藻白云岩段中岩石样品的有机碳含量明显最高。而在整个灯影组中，动物化石极少，藻白云岩段至今未发现任何动物化石，只是在灯影组磨坊岩段中发现了大量的小壳动物化石。而在岩石薄片中观察发现，灯影组普遍富集藻类，其中藻白云岩段的藻类化石最为富集，而该段的有机质含量最高，由此可以推测，灯影组岩石中的有机碳主要来自藻类。

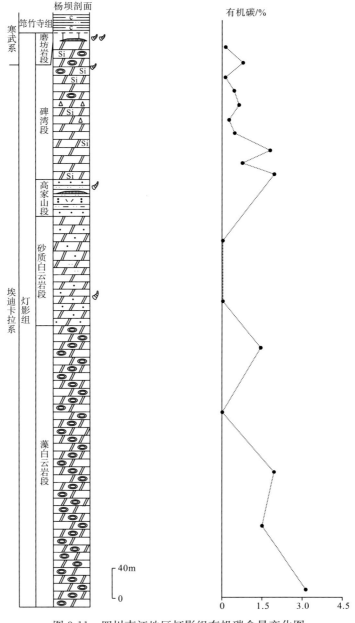

图 3-11　四川南江地区灯影组有机碳含量变化图

　　那么藻类的发育与环境的变化有怎样的关系呢？Ling 等（2007）认为陡山陀组末期的大洋转换释放了二氧化碳到大气中，升高了温度，随后灯影期的高生产率得到复兴。作者根据沉积特征，更多倾向认为是全球稳定区的海水变浅、光线充足，导致藻类繁盛。藻类的繁盛需要进行光合作用，并向环境中释放氧气。因此，灯影组沉积时期，沉积环境中的氧含量应该存在波动性，这与微量元素的判别结果具有一致性。另外，藻类的光合作用需要吸收二氧化碳，所以灯影组藻类的高生产率必然影响大洋中的有机碳同位素的变化。

　　综上所述，灯影组沉积时，水体较浅，光线充足，藻类大量繁殖，环境中的含氧度发生了波动，总体含氧量呈增加趋势，为后生动物的存在提供了氧气条件。灯影组沉积中晚期，环境中出现了火山物质，附近的火山活动导致裂缝处形成了热对流，为早期生命演化提供了很好的温热条件。灯影组沉积中晚期，磷质含量缓慢增加，以及热水活动的存在为后生动物的存在提供了磷等重要生命元素。总体来说，灯影组沉积主体时期，其环境为一个逐渐富氧、富磷和富微量元素的滨浅海环境。

第4章 地层含矿性分析及其与环境的关系

在我国扬子地台区，前寒武纪—寒武纪过渡时期，由于环境的变化，相应地存在一些沉积型矿产，最为常见的沉积型固体矿产为灯影组中的磷矿和牛蹄塘组中的镍钼钒多金属矿，另外还有可能存在石油矿藏等矿产。本章主要探讨前寒武系—寒武系界线地层灯影组中的含矿性与古海洋环境的关系。

4.1 地层含矿性分析

4.1.1 磷成矿性分析

已有资料显示，在扬子地台前寒武纪—寒武纪界线处，许多磷质小壳化石被发现在磷质富集层或具磷质条带的层位中(钱逸，1999)。例如，云南东部梅树村剖面、峨眉麦地坪剖面和贵州戈仲伍剖面，在界线处都有可开采的磷矿。

对南江地区的野外踏勘结果显示，南江地区的前寒武系—寒武系界线剖面(沙滩西剖面和杨坝剖面)中未见明显的磷矿或磷质岩沉积，这与峨眉麦地坪和云南梅树村等剖面的相同层位具有磷块岩的典型特征有明显差异。测试结果表明，南江地区杨坝剖面中灯影组中 P_2O_5 含量为 $0.022\%\sim2.118\%$，较低；在沙滩剖面的灯影组磨坊岩段中，P_2O_5 含量可达 5.51%，但是磷质含量不足以形成磷矿品位。野外勘测及剖面测制资料显示，南江地区长滩河剖面和新立剖面的新立段中，可见明显硅质胶磷矿矿层，厚度较小，1m 左右。

4.1.2 镁成矿性分析

白云岩在工业上可以做耐火材料或溶剂。根据常量元素的测试结果及相关参数计算如表 4-1 所示。砂质白云岩段样品中，MgO 含量大于 18% 的样品占 66%，达到了边界品位；而藻白云岩段样品中，所有样品的 MgO 含量都大于 20%，均达到了工业品位。

计算结果表明，所有样品中的 $Al_2O_3 + Fe_2O_3 + Mn_3O_4 + SiO_2$ 之和都大于 3，不能用来做耐火材料炉衬用。而藻白云岩段中的样品中的 $Al_2O_3 + Fe_2O_3 + Mn_3O_4 + SiO_2$ 之和都小于 10，其样品的 SiO_2 含量接近于 4%。据《冶金、化工石灰岩及白云岩、水泥原料矿床地质勘查规范》（DZ/T0213—2002）要求，灯影组藻白云岩段中的白云岩可用来做溶剂用白云岩。

南江地区灯影组藻白云岩段的岩性几乎全部为藻白云岩，厚度达 373.66m，在区域上广泛分布。综上所述，南江地区灯影组藻白云岩段的镁矿具有重要的开采价值。

表 4-1　南江地区灯影组 MgO 含量及相关计算　　　　（单位：%）

层位	岩性	MgO	$Al_2O_3 + Fe_2O_3 + Mn_3O_4 + SiO_2$	SiO_2
砂质白云岩段	砂质白云岩	19.99	19.812	12.72
	砂质白云岩	13.34	41.187	34.53
	砂质白云岩	20.04	19.439	16.35
藻白云岩段	藻白云岩	20.68	4.863	4.75
	藻白云岩	21.46	4.387	4.27
	藻白云岩	21.87	4.307	4.19
耐火材料炉衬用白云岩*	边界品位	≥18	≤3.0	≤1.5
	工业品位	≥20	≤3.0	≤1.5
溶剂用的白云岩*	边界品位	≥15	≤10	≤4
	工业品位	≥16	≤10	≤4

注：* 代表数据来自《冶金、化工石灰岩及白云岩、水泥原料矿床地质勘查规范》（DZ/T0213—2002）

4.1.3　生油岩分析

国内外的研究普遍认为，最好的生油层是黏土岩岩类岩层和碳酸盐岩类岩层，它们一般是粒细、色暗、富含有机质、常含原生分散状黄铁矿、偶见原生油苗的沉积岩（伍友佳，2004）。这种岩性被认为是石油物质大量富集的场所（陈作全，1986）。一般认为，适于生油的碳酸盐岩有机碳含量应大于 0.12%，有机碳含量为 2.0%～4.0% 的泥质岩为非常好的生油岩，有机碳含量为 0.25%～1.00% 的碳酸盐为好至非常好的生油岩（张厚福等，1999）。

野外踏勘发现，灯影组碑湾段的岩石表面上可见渗出的油滴，而在岩石裂缝中聚集大量的黑色沥青物质。对岩石薄片的进一步观察发现，沥青物质常充填于孔隙或颗粒之间。本区灯影组白云岩样品的有机碳含量为 0.02%～3.13%，平均含量为 1.19%（表 3-5），样品中有机碳含量达到了生油岩的标准（＞0.12%）碳酸盐岩样品约占 82%；而有机碳含量为 0.25%~1.00% 的碳酸盐岩样品约占 70%。

由此可见，南江地区震旦系至寒武系界限附近的岩性特征具有生油岩特点。从岩系特征和有机碳丰度来看，下伏震旦系灯影组白云岩属于好至非常好的生油岩。生油岩的存在表明，本区有过油气生成的过程。而野外剖面资料显示，寒武系底部筇竹寺组马家梁页岩段和下伏震旦系灯影组之间普遍存在不整合接触，不整合面的存在和本区舒缓的褶皱构造背景为油气运移提供了有利的通道，区域上可能存在工业性油藏或已遭受破坏。

4.2　与环境的关系

灯影组岩石中的 MgO 含量较高，除了白云岩含有较高的 MgO 含量外，在灯影组的其他岩石中也含有一定的 MgO。在中国扬子地台区，灯影组普遍以白云岩为主，这表明中国扬子地台区灯影组沉积时期的海洋整体处于一个浅水蒸发的潮坪环境。

根据化石特征可知，当时海洋中的生物主要是藻类，表明当时的环境为浅水透光的温暖环境。而灯影组生油岩的存在也进一步证明，灯影组沉积时期的海洋环境中，藻类生物繁盛的规模较大，陆源物质较少。海洋中巨量的藻类改善了当时的海洋环境，甚至是整个地球的大气圈，为后生动物的出现提供了充分的养料和充足的氧气。

相对扬子地台区的其他区域，南江地区灯影组中磷质含量的增加是相对较少的；但是本区灯影组中的磷质含量从下到上是在逐渐增加的。这与扬子区前寒武纪—寒武纪过渡时期区域上的成磷事件是一致的，反映了研究区在灯影组沉积时期，海洋中的磷质含量呈现了增加的趋势。并且，磷质含量的增加与后生动物之间是呈正相关的，在某种程度上来说，小壳动物是繁盛在一个磷质含量比较富集的海洋中。

第 5 章　小壳动物化石成分特征及其与环境的关系

作者在四川南江地区灯影组磨坊岩段和新立段中发现了丰富的小壳化石，对含小壳化石的岩石进行了磨片，并通过醋酸处理法收集了大量的小壳化石。以含管状小壳化石的岩石薄片和醋酸处理后收集的管状化石为主要研究对象，通过偏光显微镜、立体生物显微镜、扫描电镜和电子探针等手段，详细地观察、探测和研究壳体的结构和成分特征，并结合地质背景探讨了小壳动物化石与沉积环境的关系(Pang et al. ，2017)。

5.1　材料和方法

小壳化石是从南江县沙滩灯影组统磨坊岩段中收集的。对岩石薄片的挑选，是为了研究岩石中的化石壳体层结构和矿物成分的详细特征，而对经醋酸处理出来的小壳化石标本的挑选是为了获取详细的化学成分和超微有机结构研究。

所有的标本保存在成都理工大学沉积地质研究院地层古生物研究室。在显微镜(Nikon LV100POL)下获取岩石薄片中的小壳化石特征和图片。所有岩石样品在醋酸(3%～5%)中浸泡后，大量的小壳化石是从磷质灰岩样品中获得的。通过扫描电镜(SEM，Quanta250 FEG)和能谱分析仪(EDS，Oxford INCAx-max20)，获取化石壳体特征和壳体微区的成分特征。

5.2　岩石薄片中的小壳化石特征

在岩石薄片中，许多小壳化石具有清晰的壳。一些壳是由三个明显的壳层构成的，包括外层、中间层和内层。无论壳层是否完整，体腔的形态都是保存完整的(图5-1)。中间层由多种物质成分构成，包括碳酸钙、黄铁矿、硅质和磷质。在单偏光或正交偏光下，壳体的外层和内层都是黑色的，没有消光、变色和晶型等特征。因此总结认为，外层和内层是由有机质构成的。壳体的内壁和外壁太薄，本书所说的壳体成分主要是指中间层的成分。

1. 碳酸钙质壳

第一种类型壳体是具有碳酸钙质构成的中间层(图 5-1)。这种类型的化石，其壳大多数是不完整的，但其体腔的轮廓是完整的。体腔主要是由磷质或碳酸钙质或两种物质共同构成的。

对于中间层由碳酸钙构成的壳体来说，体腔趋向由磷质构成。这样的化石很容易在岩石薄片中被观察到(图 5-1a～f)。它们具有清晰内层、外层和纤维结构(图 5-1)。一些化石壳体的中间层是由碳酸钙构成的，具有多层壳的假象(图 5-1c，d)。尽管如此，壳体多层的现象并不多见，在整个完整的壳体中也不是都存在。

当壳体的中间层和围岩都是碳酸钙质成分，体腔部分(图 5-1e，f)或全部(图 5-1g，h)也是碳酸钙质构成时，围岩和化石之间的界线是模糊的，这样的化石轮廓是模糊的。偶尔，化石壳体的内层和外层是可以观察到的，壳体模糊的部分是由与围岩构成一致的颗粒较大的方解石构成的(图 5-1g，h)。这证明有机质构成的层是原始的，而重结晶矿物可以破坏壳体的原始外层和内层，应是后生的。

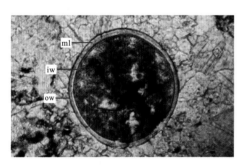

a

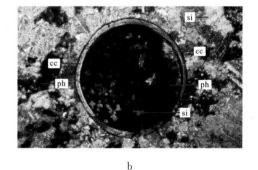

b

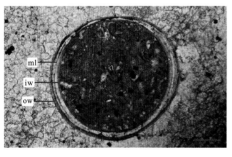

c

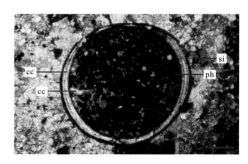

d

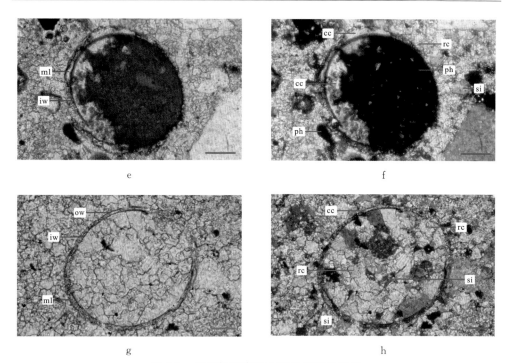

图 5-1　具有钙质壳的小壳化石切片特征

ml. 中间层；iw. 内表层；ow. 外层；cc. 碳酸钙；rc. 重结晶的碳酸钙；ph. 磷质盐；si. 硅质；
a，c，e 和 g 为单偏光镜下拍摄；b，d，f 和 h 为正交偏光镜下拍摄

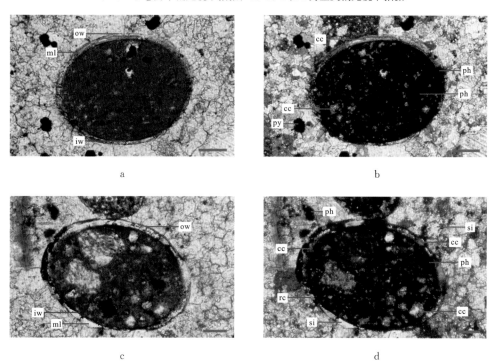

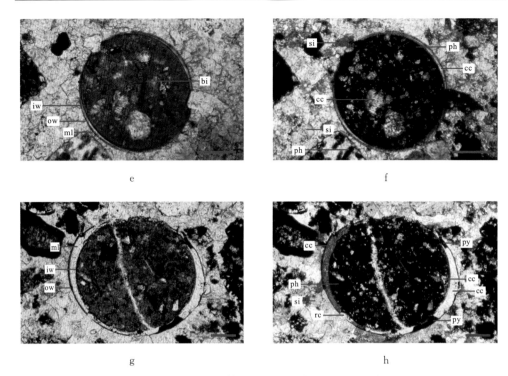

图 5-2　具有多种壳体成分壳的小壳化石的切片特征

ml. 中间层；iw. 内表层；ow. 外表层；cc. 碳酸钙；rc. 重结晶的碳酸钙；ph. 磷质岩；si. 硅质；

py. 黄铁矿；bi. 生物碎屑；a，c，e 和 g 为单偏光镜下拍摄；b，d，f 和 h 为正交偏光镜下拍摄

2. 多种成分构成的壳

　　第二种壳体类型，其中间层是由多种成分构成的，包括碳酸钙、胶磷矿、黄铁矿、硅质等(图 5-2)。这些壳体的体腔主要是由碳酸钙和磷质成分构成的，没有有机结构，只见几粒生物碎屑(图 5-2e，f)。中间层是由碳酸钙构成的部分壳，具有明显的内层和外层(图 5-2a，b，c，d)，而由多种成分构成的那部分壳通常没有明显可识别的层结构。

　　当中间层是由磷质构成时，其壳体和体腔的界线不明显(图 5-2a，b)，壳体没有明显的层结构，且有机质内层和外层通常是不完整的。

　　当壳体的中间层由硅质构成时，有机质内层或者外层也是模糊的(图 5-2c，d，e，f)。在岩石薄片中，一些硅质物质在壳体和围岩中可以被观察到(图 5-2f)。当壳体的中间层是由黄铁矿构成时，壳体的外层和内层也是模糊的。在体腔中，偶尔可看到一些生物化石碎屑(图 5-2e，f)。

　　在围岩中，一些颗粒，诸如胶磷矿、石英和黄铁矿也能被观察到(图 5-2g，h)。

5.3　醋酸处理过的小壳化石特征

电镜扫描图片和能谱仪中的能谱显示：醋酸处理过的小壳化石多为铸模化石，少数化石具有壳；在壳和体腔中，化石成分以磷质为主，也可见到黄铁矿和硅质物质(图 5-3~图 5-7 和表 5-1)。

1.　具有清晰壳的化石

具有壳的小壳化石，其壳通常都是不完整的(图 5-3a，b)。

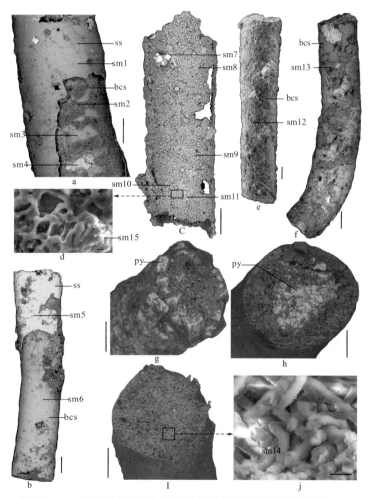

图 5-3　醋酸处理过的小壳化石的电镜扫描特征及能谱位置(一)

ss. 壳体表面；bcs. 体腔表面；py. 黄铁矿；sml—15. 能谱位置；c. 空壳；h. 小壳化石体腔中的超微结构；
j. 图 i 壳体体腔的局部放大；线段比例尺：a, b, c, e, f, g, h, i 100um；d, j5um

　　第一种壳体是由胶磷矿构成的，除了壳体表面具有孔外，没有任何纹饰。这些壳体表面的孔不是原生的，是碳酸钙质溶解后残留下来的。小壳化石体腔的成分是比较复杂的，可以包括胶磷矿、硅化物、黄铁矿等。在壳体与体腔之间具有一些菱形结构（图 5-3a）。

　　第二种壳体是由黄铁矿构成的。经醋酸处理后，黄铁矿矿构成的壳并不完整，化石体腔形态较好，体腔成分主要是由胶磷矿构成的（图 5-3b，图 5-4 和表 5-1）。该类型壳体表面没有明显的纹饰，体腔表面也是规则和精细的。

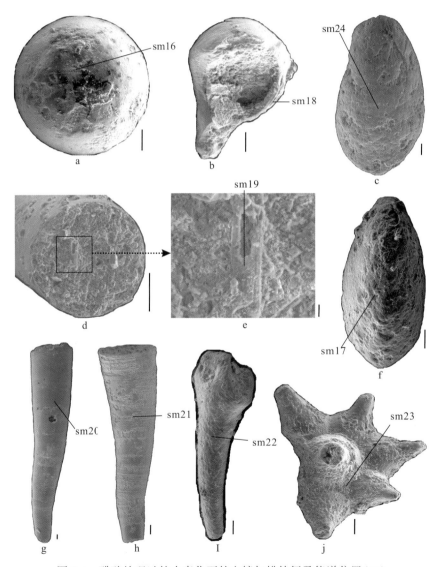

图 5-4　醋酸处理过的小壳化石的电镜扫描特征及能谱位置(二)

注：能谱位置见图 5-3

2. 只有空壳的化石

许多化石只有空壳(图 5-3c),它们非常易碎。空壳主要是由硅质和硫酸钙构成的(图 5-5,图 5-6,表 5-1)。在空壳的表面,黄铁矿晶型可以被观察到。空壳显示具有高度组织的菱形微结构,表明与壳体表面与体腔之间的菱形微结构具有相似性,揭示了壳体的原生结构。Vendrasco 等(2009)发现,这些壳体具有较薄的内层菱形微结构壳,提出 Ocruranus-Eohalobia 小壳动物群具有原始的钙质壳。这一类型化石显示,醋酸处理之前,其体腔和空壳外表层成分应该是以易溶于醋酸的碳酸钙为主。

表 5-1　不同能谱中的各原子百分含量　　　　　　(单位:%)

能谱号 \ 原子	O	Ca	P	C	Si	Fe	S	F	Al	Mg	Cl	Na	Ti	K	总计
sm1	47.58	10.99	7.28	28.16	0.28	—	—	5.72	—	—	—	—	—	—	100.01
sm2	51.04	0.51	—	29.34	19.11	—	—	—	—	—	—	—	—	—	100.00
sm3	52.15	13.73	9.09	17.44	—	—	7.58	—	—	—	—	—	—	—	99.99
sm4	54.68	2.29	0.99	24.49	1.53	13.82	0.65	—	—	—	0.36	0.79	0.39	—	99.99
sm5	46.67	1.20	—	—	—	16.67	35.47	—	—	—	—	—	—	—	100.01
sm6	60.39	19.32	12.37	—	—	—	—	7.93	—	—	—	—	—	—	100.01
sm7	13.12	—	—	55.34	0.76	9.63	20.77		0.37	—	—	—	—	—	99.99
sm8	36.12	6.29	2.07	17.32	38.19	—	—	—	—	—	—	—	—	—	99.99
sm9	55.24	—	—	14.91	29.85	—	—	—	—	—	—	—	—	—	100.00
sm10	64.62	8.13	—	18.00	0.38	—	8.87	—	—	—	—	—	—	—	100.00
sm11	62.03	9.77	—	17.39	—	—	10.80	—	—	—	—	—	—	—	99.99
sm12	70.64	1.99	1.35	—	21.43	—	0.17	3.44	0.55	0.26	—	—	—	0.17	100.01
sm13	62.71	1.43	0.84	—	35.02	—	—	—	—	—	—	—	—	—	100.00
sm14	53.12	31.92	14.97	—	—	—	—	—	—	—	—	—	—	—	100.01
sm15	67.01	8.98	—	14.02	—	—	10.00	—	—	—	—	—	—	—	100.01
sm16	44.92	11.59	7.34	31.21	—	—	—	4.72	0.22	—	—	—	—	—	100.00
sm17	43.81	12.57	7.76	29.35	0.29	—	—	6.02	0.20	—	—	—	—	—	100.00
sm18	51.92	—	—	—	1.18	46.19	—	—	0.71	—	—	—	—	—	100.00
sm19	56.14	23.10	13.37	—	2.05	—	—	5.09	0.55	—	—	—	—	—	100.00
sm20	60.66	18.63	11.77	—	—	—	—	8.94	—	—	—	—	—	—	100.00
sm21	56.21	12.84	8.14	14.29	—	—	—	8.51	—	—	—	—	—	—	100.00
sm22	54.53	26.35	13.02	—	0.56	—	—	5.54	—	—	—	—	—	—	100.00

原子 能谱号	O	Ca	P	C	Si	Fe	S	F	Al	Mg	Cl	Na	Ti	K	总计
sm23	47.44	12.65	7.94	25.35	0.53	—	—	6.09	—	—	—	—	—	—	100.00
sm24	59.21	22.53	12.92	—	0.63	—	—	4.33	—	—	—	—	0.38	—	100.00

注：图谱数据是在成都理工大学国家油气藏重点实验室测试完成的；能谱位置见图 5-3 和图 5-4

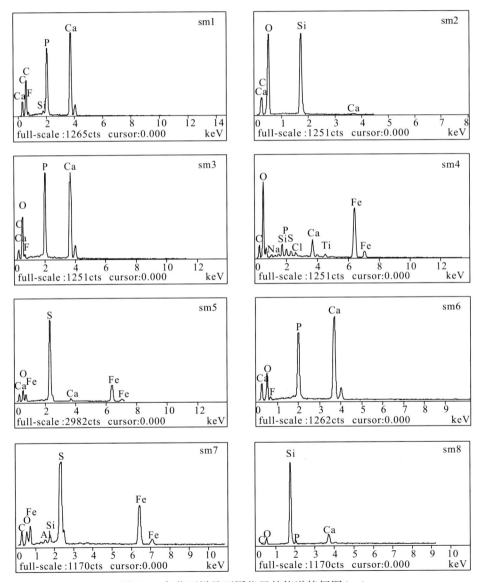

图 5-5　各化石样品不同位置的能谱特征图（一）

注：能谱位置见图 5-3 和图 5-4

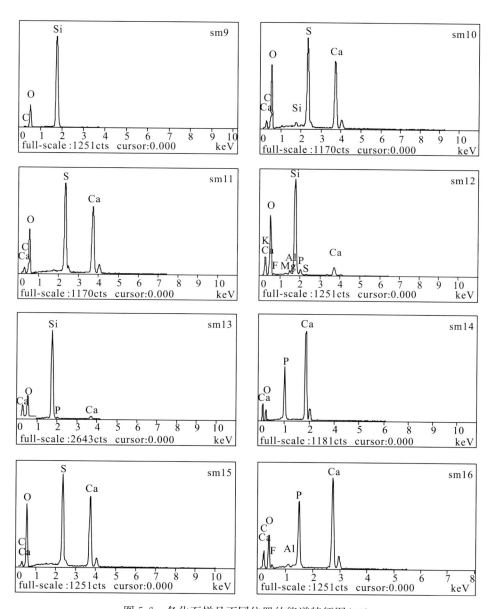

图 5-6　各化石样品不同位置的能谱特征图(二)

注：能谱位置见图 5-3 和图 5-4

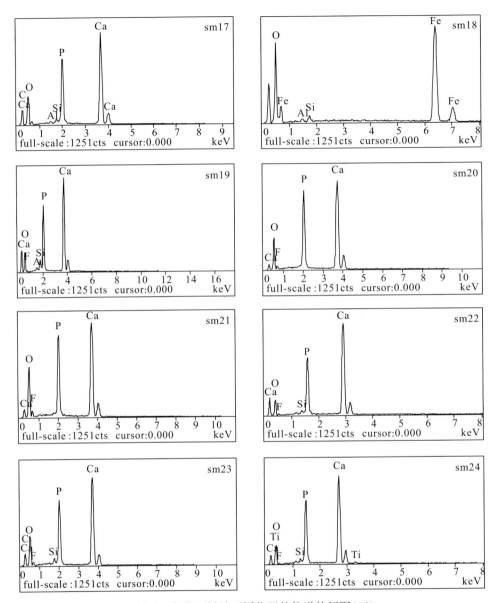

图 5-7   各化石样品不同位置的能谱特征图(三)

注:能谱位置见图 5-4

3. 模铸化石

经过醋酸处理的大多数小壳化石是铸模型化石,无壳,体腔的原生有机结构
也未保存(图 5-3d~f)。化石的体腔是由许多碎屑颗粒物质充填构成的,诸如胶
磷矿、方解石、石英、黄铁矿及少量的化石碎片(图 5-1,图 5-2,图 5-3d~g,
表 5-1)。尽管化石无壳,但是化石的形态却保存完好。以上特征表明,碎屑颗粒

是在生物体死亡之后被填充到壳体内部的体腔中的，这些模铸化石在成岩改造作用发生时，其壳体形态是完整的。

4. 在体腔中的超微有机结构

少数化石的体腔是完全由管状超微有机结构构成的(图 5-3h~j，表 5-1)。这些有机结构不是小壳化石的原生有机结构，是由无数虫管富集构成的，成分是磷质。这些磷质超微结构与四川峨眉麦地坪中发现的超微结构具有相似性(陈均远和李国祥，1991)。这暗示，体腔中的磷质超微结构是在生命体死亡之后由再生的微生物形成的。

5.4　讨　　论

后生动物壳体的原生成分特征是前寒武纪—寒武纪过期的重大地质事件的重要记录。目前，关于小壳化石壳体的原生成分有不同观点：①小壳化石的壳是由胶磷矿构成的，偶尔可以观察到原生方解石构成的壳(武希彻和蒋志文，1989，Chen et al.，2007)；②小壳化石是由多种物质构成的，包括磷质、碳酸钙和硅质物质(朱茂炎等，1996)。

由岩石薄片特征可知，小壳化石中间层由碳酸钙构成的化石壳，具有清晰的层结构。而中间层成分为胶磷矿、黄铁矿或者硅质成分构成的壳，没有清晰的层。在壳体中，碳酸钙质被硅质物质或黄铁矿交代、壳体中的重结晶现象，可以被观察到(图 5-3c~h)(武希彻和蒋志文，1989)。这些现象已经破坏了壳体的原生层结构。可见部分化石保留的磷质壳具有壳层结构，这可能与磷质岩的这种特殊的置换壳体的能力有关(Feng et al.，2002)。从海底到浅埋藏，钙质骨架的成岩溶解作用可以被观察到。因此，小壳化石壳体的原生结构是碳酸钙质的，在壳体中间层发现的磷质、黄铁矿或硅质物质是在埋藏作用或成岩期后的改造作用中形成的。由于大多数小壳化石的壳是由碳酸钙构成的，而其体腔主要是由含磷质砂屑构成的，因此很多化石经过醋酸处理后失去了碳酸钙质壳，但却能够完整地保留化石体腔或其他成分的壳。这或许是以前文献中报道的小壳化石以磷质成分为主要构成的重要原因之一。

大多数小壳化石体腔是由很多物质成分构成的，包括胶磷矿、碳酸钙、黄铁矿、硅质物质及生物化石碎屑。而胶磷矿、石英和黄铁矿颗粒等在围岩中普遍出现，这表明体腔中的物质成分来自围岩。在体腔中存在的管状超微有机结构与小壳化石的原生结构没有任何关联，它们是带壳动物死亡之后形成的，成分也以磷质为主。这表明，小壳动物生活及死后的埋藏环境是富集磷质物质的。这与围岩具有大量的磷质碎屑的特征是一致的，与扬子地台的前寒武系—寒武系界线处具有磷质条带和磷质岩的区域地质特征也是一致的。

根据化石壳体成分也可以推测，小壳动物群的埋藏环境为高度富磷的海水中，而这种背景条件刚好为成岩期后的磷酸盐化作用提供了可能。

第6章　古生物主要属种描述

古生物以软舌螺类和单板类居多，还可见腹足类、似软舌螺类、锥石类、管壳类、球形壳类、具腔骨类等，另外还有大量的藻类。

6.1　小壳动物

1. 软舌螺类（hyoliths）

圆管螺属 *Circotheca* Syssoiev，1958

弯圆管螺 *Circotheca subcurvata*（**图版**Ⅰ-7，8）

(1980 *Circotheca subcurvata* Yu 1974，殷继成等，160 页，图 15，图 18 和图 19。)

描述：壳锥形，壳顶端弯曲显著，横切面圆形。壳口圆形，口缘直。壳面饰有细密的生长线，随着壳体的增长，生长线亦逐渐增粗。壳体长 1.3～1.48mm，口宽约 0.4mm。

比较：与模式标本比较，前者个体较大。

产地层位：四川省南江县，长滩河剖面，灯影组新立段。

短小圆管螺 *Circotheca nana*（**图版**Ⅰ-5，6）

(1980 *Circotheca longiconia* Qian，殷继成等，161 页，图版 15，图 11。)

描述：壳直或略微弯曲，呈锥形。口缘平直，横切面圆形。壳顶尖圆，向壳口扩张较快，生长角 14°，随壳体增长，生长角大小不变。壳体表面饰有均匀排列的生长沟，沟间还有细密生长线，它们均平行于口缘。壳体长 1.3～2.35mm，口宽 0.26～0.47mm。

比较：与模式标本比较，壳顶保存不完整。

产地层位：四川省南江县，灯影组。

长锥圆管螺 *Circotheca longiconia*（**图版**Ⅰ-3，4）

(1978 *Circotheca longiconia* Qian，钱逸，第 9 页，图版，图 3 和图 9。)

(1980 *Circotheca longiconia* Qian，殷继成等，161 页，图版 15，图 14 和图 15。)

　　描述：壳体中等大小到大（由数毫米到数厘米），直而细长，圆锥管状。壳口圆形，口缘平直，横切面也是圆形。壳顶尖细，向壳口均匀扩张，生长角 6°～7°。壳表面饰有细而密及排列的平行口缘的生长线。壳长＞2mm，口宽 0.33mm。中等大小，直长锥状。横断面圆形。生长角 4°。表面光滑。

　　比较：与模式标本比较，后者的长、宽皆较大。

　　产地层位：四川南江地区，沙滩剖面，灯影组磨坊岩段。

椭口螺属 *Turcutheca* Miss，1969

光滑椭口螺 *Turcutheca lubrica*（图版 I -9）

(1980 *Turcutheca lubrica* Qian，殷继成等，161～162 页，图版 15，图 12 和图 13、图 16、图 17、图 22～图 24。)

　　描述：壳体小，角锥状。始部微弯曲。断面圆形，微扁，口缘平直，表面光滑，局部可见生长线。壳长 0.916mm，口宽约 0.3mm。

　　比较：与模式标本比较，壳者壳体较大有损坏，壳体相对较小，腹部上的纵棱不明显。

　　产地层位：四川南江地区，沙滩剖面，灯影组磨坊岩段。

拟球管螺属 *Paragloborilus* Qian He，1980

奇特拟球管螺 *Paragloborilus mirus*（图版 I -10）

(1980 *Paragloborilus mirus* He，殷继成等，165 页，图版 15，图 6～图 8。)

　　描述：壳体小，微弯曲呈锥管状。幼年期壳和成年期壳之间为一横向窄而深的收缩沟所隔。幼年期壳小，微微膨胀成盘珠状；成年期，自始部向口端慢慢地扩张，生长角大于 13°。横切面长圆形，口缘平直。壳外表面光滑。壳长＞1.3mm，口宽 0.52mm。

　　比较：与模式标本比较，后者幼年期壳体较宽大，前者靠近口部的生长角较大。

　　产地层位：四川南江地区，沙滩剖面，灯影组磨坊岩段。

旋纹管属 *Coleolella* Missarzhevsky，1969

房县旋纹管 *Coleolella fangxianensis*（图版 I -11）

(1992 *Coleolella fangxianensis* Li，丁连芳等，123 页，图版 I -11。)

　　描述：壳体保存完整，呈直圆管状。壳长 0.85mm，始端直径 0.3mm，壳口直径 0.38mm；壳体分散角极小，约 1°。始端宽圆，呈半球状，与壳管之间有浅的横沟；壳口平，与壳体中轴近于垂直；横切面圆形。壳表面饰有细密的横脊和横沟。横脊和横沟宽度近于相等，均与壳口平行。横脊和横沟自壳顶部至壳口逐渐变得粗宽。壳壁多层状，成分为磷质钙质。

比较：与模式标本比较，特征一致。

产地层位：四川南江地区，沙滩剖面，灯影组磨坊岩段。

峨边管螺属 *Ebiamothea* He，1980
角形峨边管螺 *Ebiamothea cornaformis*（**图版** I-21）
（1980 *Ebianotheca cornuformis* He，殷继成等，166 页，图版 14，图 14～图 16。）

描述：壳小，整个壳体呈狭角锥状，锥体微弯。自壳顶向口部均匀扩张，生长角 14°左右。口缘厚而平坦，向外扩大，口部横断面为卵圆形-圆形。壳体可分为幼年期壳和成年期壳两个部分，两者间以宽而平缓的收缩沟所分隔。长＞0.8mm，口宽约 0.16mm。

比较：与模式标本比较，研究区的该属种标本均较小，壳体表面有微弱的生长线，两侧未见明显的纵槽。

产地层位：四川南江地区，沙滩剖面，灯影组磨坊岩段。

2. 似软舌螺类

小软舌螺属 *Hyolithellus* Billings，1872
闪烁小软舌螺 *Hyolithellus micans*（**图版** I-1，2）
（1980 *Circotheca longiconia* Billings，殷继成等，167～168 页，图版 16，图 24 和图 30。）

描述：壳体细长，呈细圆锥状或管状，口端部分接近圆柱状。壳体微弯曲或任意弯曲。生长角小，近壳体始部 3°～4°，口部附近约 1°。横切面圆形。壳外表面光滑无饰。壳体顶部未保存，保存壳长 2.0～2.3mm，近口部直径约 0.26mm。内核。

比较：与模式标本比较，特征基本一致。

产地层位：四川南江地区，沙滩剖面，灯影组磨坊岩段。

3. 单板类

马哈螺属 *Maikhanella* Zhegallo，1982
（2004 *Maikhanella multa*，M. Steiner etal.，p270，Fig. 6-6
2001 *Maikhanella pristinis*，冯伟民等，210 页，图版 I，图 1～图 10.

2001 *Maikhanella multa* Zhegallo 1982，冯伟民等，197 页

1984 *Emeiconuscrassispinus* Yang and He，杨遒和和何廷贵，37 页，图版 1，图 1—4）

描述：壳小，低笠状，壳顶圆凸，位于前侧或近壳体中央。壳顶区裸露，基本无饰。其余壳面饰有"芒果状"突起，突起具有纤状结构，为基质所包裹，呈同心状排列。突起如果被截平，壳面呈菱形或砖形纹饰。突起如果被溶蚀，则呈中空，而在壳表呈现一个个方形或长卵形圆穴。壳口圆形、卵形或圆方形。

比较：与 *Ramenta* 比较，壳饰相似，但前者壳体小，壳顶钝圆，位近中央，裸露区大，壳高适度，壳饰为砖状或鳞片状突起，壳璧厚。

产地层位：四川省南江县，长滩河剖面，灯影组新立段。

拟鳞锥属 *Ramentoides* Feng，2001
宽脊拟鳞锥 *Ramentoides latispinus*（**图版** Ⅱ -3）
(2001 *Ramentoides latispinus* Feng 2001，冯伟民等，200 页，图版Ⅲ，图 2～图 5。)

描述：壳微小，低锥形。顶视卵圆形。壳顶大，位居前缘，无饰。背部中央具一条宽脊，从后缘一直连续到壳顶裸露区，脊宽占壳宽的 1/5～1/3。背面饰有密集排列的长菱形、米粒形突起，突起沿生长线方向规则排列，长轴平行生长线。壳口大，前后缘收缩，中部宽凸。

比较：与原型标本比较，后者壳面上的菱形突起明显，呈同心层状排列。前者壳面上的突起，保留较少，整个标本的突起层不完整，但壳体形态是完整的。另外本区的几块标本大小不同，形态略有差异，可能与它们处于不同的发育阶段有关，该标本与 *Purella elegans* 特征十分相似，区别在于后者壳面背脊两侧的凹沟具有较为明显的同心纹饰，背脊在壳顶处变小，在后缘处变宽。

产地层位：四川南江地区，沙滩剖面，灯影组磨坊岩段。

峨眉螺属 *Emeithella* Qian
龟形峨眉螺 *Emeithella testudinaris*（**图版** Ⅱ -1）
(1980 *Emeithella testudinaris* Qian 1977，殷继成等，153 页，图版 13，图 19 和图 20。)

描述：壳体呈瓢形，壳小到中等，长大于宽。壳顶尖圆，微向腹部弯曲，稍突出于口缘前端之外。壳口椭圆形，整个口缘几乎位于同一平面上。壳体外表面光滑无饰。未见肌痕。壳体长 0.747mm。

比较：壳体特征保存较好，与原型标本特征基本一致。但前者壳体较小，壳长与壳宽的比例也较小。

产地层位：四川南江地区，沙滩剖面，灯影组磨坊岩段。

条纹锥属 *Striatoconus* Feng，1979

雨碌条纹锥 *Striatoconus yuluensis*（**图版**Ⅲ-5）

（2000 *Striatoconus yuluensis* Feng，1979，冯伟民，363～364 页，图版Ⅰ，图 1～图 4。）

　　描述：壳小，低突，椭圆锥形，顶视长椭圆形或卵形。壳顶圆突较大，隐见弱同缘肋。前侧平斜或上陡下缓呈一内凹，背缘上部缓，向后缓斜至后缘，两侧陡斜。壳口卵圆形。壳体较小，壳口长约 0.58mm。

　　比较：与模式标本比较，壳体特征基本一致。前者壳体较小，壳面上未见明显的同缘台阶。冯伟民发现，该类型化石，只在个体较大者壳面上见有两条同缘状台阶。

　　产地层位：四川南江地区，沙滩剖面，灯影组磨坊岩段。

伊戈尔锥属 *Igorella* Missarzhevsky，1969

少肋伊戈尔锥 *Igorella mioribis*（**图版**Ⅲ-1）

（1980 *Igorella mioribis* Jiang，蒋志文等，118 页，图版Ⅲ，图 7。）

　　描述：中等－大，约 1.214mm。罩形，壳体较高，壳顶尖出呈喙状。背缘抛物线状弓曲，前背陡而后背驰。从后往前看整体呈上翘状，且整体大小变化不大。结构较简单，壳面未见纹饰。壳体虽已具有略前卷的壳顶，但仍未超过口缘线的延长线，蒋志文（1980）将其归为单板类。

　　比较：标本以壳体较高、壳顶尖出呈喙状、具有稀少而不规则的生长环与 *Igorella oblatis* 相区别。

　　产地层位：四川南江地区，沙滩剖面，灯影组磨坊岩段。

扁圆伊戈尔锥 *Igorella oblatis*（**图版**Ⅱ-6，7，8）

（1980 *Igorella oblatis* Jiang，蒋志文等，118 页，图版Ⅲ，图 6～图 7。）

　　描述：中等－大，低锥形壳体，罩状，壳顶圆球形，前倾下指而呈不明显的喙状。背缘抛物线状弓曲，前背陡而后背驰。壳口为不规则的椭圆状。结构较简单，壳面仅见微弱的生长线。壳长 0.794～1.345mm。

　　比较：壳体虽已具有略前卷的壳顶，但仍未超过口缘线的延长线，蒋志文（1980）将其归为单板类。与 *Igorella mioribis* 比较，后者壳体明显较高，喙大。

　　产地层位：四川南江地区，沙滩剖面，灯影组磨坊岩段。

钝锥属 *Genus Obtusoconus* Yuwen，1979

少肋钝锥 *Obtusoconus paucicostatus*（**图版**Ⅲ-8，9）

（1979 *Obtusoconus paucicostatus* Yu，余汶，246 页，图版Ⅰ，图 16～图 18；图版Ⅱ，图 20 和图 21。）

　　描述：壳小，高且窄，弓锥形或曲锥形。壳顶钝圆，微向前曲。壳顶前侧窄，近 1/3 处有 1 凹曲，而后逐渐凸向后缘。后侧窄圆，两侧宽圆。壳面饰有同心褶 4～5 条。近壳顶处的同心褶很斜，向后缘逐渐缓，最后一条同缘褶与后缘平行。褶顶钝圆，褶间隙宽大，褶在壳背缘和前侧消失或变弱。壳体较小，高为 0.568～0.638mm。

　　比较：与模式标本比较，特征基本一致。

　　产地层位：四川南江地区，沙滩剖面，灯影组磨坊岩段。

4.　开腔骨类

阿尔泰开腔骨针 *Chancelloria altaica* Romanenko（**图版**Ⅳ-4，10）

（1980 *Chancelloria altaica* Romanenko 1955，殷继成等，159 页，图版 17，图 2～图 5、图 7、图 8、图 15、图 16。）

　　描述：骨体微小，2mm 左右，呈星射状至圆盘状。由 5～7 只侧射管围绕一中央盘或中央射管组成。侧射管处于同一水平面，射管水平辐射。侧射管平直或向内弯曲，一端尖细，一端膨大，外端横断面为圆形，近中央盘的一端为多边形。与相邻两射管和中央盘的接触面近平整，射管表面光滑无饰。中央盘在外面平，在内部有微凸现象，有的呈射管状，但不长，尖端钝圆。各射管与中央盘之间缝合线清楚。缝合处各射管与中央盘同在一个平面上。并各自有一个凹坑。有的骨针在中央盘外围有附加的射管。

　　比较：与模式标本比较，特征一致。但前者各射针保存有部分缺失。

　　产地层位：四川南江地区，沙滩剖面，灯影组磨坊岩段。

不规则开腔骨 *Chancelloria irregularius* Qian（**图版**Ⅳ-5，6）

（1999 *Chancelloria irregularius* Qian. 李国祥，241 页，图版Ⅰ，图 1～图 10。）

　　描述：骨体微小，1mm 左右，呈星射状，有 7 个侧射管，1 个中央射管。侧射管大小差异明显，其中一个侧射管较大，两侧的射管逐渐变小，骨片近于两侧对称。侧射管由基部到顶端均匀变细，较小的侧射管有时萎缩成纽扣状。中央射管也较小，与最小的侧射管大小相近。各射管在基部缝合界线清晰，基本在同一平面辐射状生长，或略向反基面弯曲。射管底部有凹坑。

　　比较：与模式标本比较，特征一致。区别在于：前者部分标本两侧的侧射管不是逐渐变小，而是大小一致。仍归入 *Chancelloria irregularius* Qian。

产地层位：四川南江地区，沙滩剖面，灯影组磨坊岩段。

具刺变态骨 *Amoebinella echinata*（**图版** Ⅳ-7，9）

（1989 *Amoebinella echinata* He 1980，何廷贵和谢永顺，113 页，图版 Ⅰ-3。）

描述：化石体由 6 个斜伸的侧枝组成，无中央盘。内表面有一各射管共有的较深的圆形凹陷，凹陷面上射管与射管接合处无接合缝。每一射管成圆锥状，近附着面一端粗大，向尖部急剧收缩变细，最后均匀收缩。各射管表面生长线不明显。

比较：与模式标本比较，化石不完整，前者内表面有一各射枝共有的较深的圆形凹陷，凹陷面上枝与枝接合处无结合缝。

产地层位：四川南江地区，沙滩剖面，灯影组磨坊岩段。

5. 骨针类

棒形骨属 *Rhadochites* He，1982

裂口棒形骨 *Rhadochites scissus* Yang et He（**图版** Ⅰ-20）

（1984 *Rhadochites scissus* Yang et He 杨遑和和何廷贵，41 页，图版 3，图 1～图 5。）

描述：化石细小，长 1mm 左右。刺体圆柱形，两端不规则膨大呈节状。圆柱部分中空，一侧裂开成缝隙状，两端封闭，形如腿骨。横切面呈圆形、圆方形、圆多角形等。表面粗糙。刺体为磷质铸型。

比较：与模式标本比较，特征一致，但后者刺体表面可见有纵向细纹。

产地层位：四川南江地区，沙滩剖面，灯影组磨坊岩段。

6. 原牙形类（*protoconodont*）

原始赫兹利刺属 *Protoherzina* Miss，1973（**图版** Ⅰ-15，16）

阿纳巴尔原始赫兹利刺 *Protoherzina anabarica* Miss 1973

（1992 *Protoherzina anabarica* Miss 1973，丁连芳等，123 页，图版 Ⅰ-17。

1980 *Protoherzina anabarica* Miss 1973，殷继成等，180 页，图版 19，图 14～图 17。）

描述：细长角锥刺状体，两侧对称，沿对称面平缓弯曲，尤其靠近刺体尖端部分更为明显。刺尖部分尖锐。刺状体前后区分明显，前表面中央具一个与壳体伸长方向一致的纵棱，而将前表面分成两侧，侧面凹入。后表面圆滑呈弧状。刺状体的横切面各段不同。尖端部分为近圆形。近基部为近三角形，前缘为屋脊状。中央呈尖的突起，两侧为心形凹陷；后缘为半圆形。前后缘为一圆滑的侧脊所隔。刺状体上的尖棱未延伸至尖端部分。

比较：与模式标本比较，特征基本一致。

产地层位：四川南江地区，沙滩剖面，灯影组磨坊岩段和灯影组碑湾段。

7. 钉形类

织金钉属 *Zhijinites* Qian，1978

光滑织金钉 *Zhijinites lubricus* Qian，Chen et Chenyi（**图版** I-24）

（1979 *Zhijinites lubricus* Qian，Chen et Chenyi，钱逸等，225 页，图版 IV，图 14 和图 15。

1980 *Zhijinites lubricus* Qian，Chen et Chenyi，殷继成等，178 页，图版 19，图 11 和图 12。）

描述：钉状壳体，壳小，壳长 1.6mm。刺体细长，直或弯曲，顶端尖锐，横切面圆至椭圆形，表面光滑。盘状体呈不规则多边形，表面光滑无饰。

比较：与模式标本比较，后者壳体较小。

产地层位：四川南江地区，沙滩剖面，灯影组磨坊岩段。

6.2　藻　　类

肾形藻属 *Renalcis* Vologdin，1932（**图版** V-1，2）

（?）似肾形藻未定种　　（?）*Renalcis* sp.

（1980? *Renalcis* sp. ?，殷继成等，143 页，图版 7，图 3。）

描述：群体无固定形态，偶尔为规则的圆形，有时为椭圆形和次圆形。钙质皮壳层暗色或者包围全部群体或者包围其中的一部分。由于细胞保存不好，结构不清楚，群体分布不规则。

产地层位：四川南江地区，杨坝剖面，灯影组藻白云岩段。

斑点藻属 *Balios* Tsao，Chen et Chu，1965

紧密斑点藻 *Balios conferus* Tsao，Chen et Chu（**图版** V-3，4）

（1980 *Balios conferus*，殷继成等，142 页，图版 8，图 6。）

描述：暗色斑点状群体，球形或椭球形，直径 0.02～0.08mm，结构不清楚。排列相对紧密，分布相对均匀，许多群体有规律地分布组成厚 0.40～1.0mm 明暗交替的富藻体水平纹层。

产地层位：四川南江地区，杨坝剖面，灯影组藻白云岩段。

平谷斑点藻 *Balios pinguensis* Tsao，Chen et Chu(**图版** V -5，6)

(1980 *Balios pinguensis*，殷继成等，141~142 页，图版 11，图 3。)

描述：暗色斑点状群体，球形或椭球形，直径 0.03~0.075mm，结构不清楚。分布不均匀，有时集中，有时分散。

产地层位：四川南江地区，杨坝剖面，灯影组藻白云岩段。

参 考 文 献

曹仁关，2002. 川滇震旦系灯影组葡萄石的沉积环境. 云南地质，21(2)：1004-1885.

陈均远，李国祥，1991. 四川峨眉早寒武世磷质铸模石内生物化石. 科学通报，7：558-559.

陈孟莪，陈忆元，张树森，1981. 宜昌松林坡灯影组顶部石灰岩中的小壳化石组合. 地球科学，1：32-42.

陈明，许效松，万方，等，2002. 上扬子台地晚震旦世灯影组中葡萄状-雪花状白云岩的成因意义. 矿物岩石，22(4)：33-37.

陈永权，蒋少涌，周新源，等，2010. 塔里木盆地寒武系层状硅质岩与硅化岩的元素、δ^{30}Si、δ^{18}O 地球化学研究. 地球化学，39(2)：159-170.

陈作全，1986. 石油地质学简明教程. 北京：地质出版社：35-36.

丁莲芳，李勇，安国勤，1983. 论陕南震旦系-寒武系界线. 西安地质学院学报，8：9-23.

丁莲芳，李勇，陈会鑫，1992. 湖北宜昌震旦系-寒武系界线地层 Micrhystridium regulare 化石的发现及其地层意义. 微体古生物学报，9(3)：303-309.

丁莲芳，张录易，李勇，等，1992. 扬子地台北缘晚震旦世-早寒武世早期生物群研究. 北京：科学技术文献出版社：1-156.

冯伟民，孙卫国，钱逸，2001. 早寒武世马哈螺类的骨骼化特征、分类和演化意义. 古生物学报，40(2)：195-213.

冯伟民，孙卫国，钱逸，2000. 滇东北早寒武世梅树村阶单板类及其新属种研究. 微体古生物学报，17(4)：362-377.

葛朝华，韩发，1987. 广东大宝山矿床喷气-沉积成因地质地球化学特征. 北京：北京科学技术出版社：26-29.

辜学达，刘啸虎，1997. 四川省岩石地层. 武汉：中国地质大学出版社.

顾雪祥，刘建明，Oskar Schulz，等，2003. 扬子地块南缘元古代浊积岩风化特征和源岩性质的沉积地球化学记录. 成都理工大学(自然科学版)，30(3)：221-235.

郭庆军，刘丛强，Harald Strauss，等，2004. 晚震旦世至早寒武世扬子地台北缘碳同位素研究. 地球学报，25(2)：151-156.

何廷贵，裴放，符光宏，1984. 河南方城下寒武统辛集组的一些小壳动物化石. 古生物学报，23(3)：350-359.

何廷贵，1981. 下寒武统梅树村阶的似盾甲虫类及其地层意义. 成都地质学院学报，2：84-91.

何廷贵，1987. 扬子地台区早寒武世锥石动物及其早期演化. 成都地质学院学报，14(2)：7-20.

何廷贵，解永顺，1989. 扬子地台西部梅树村阶中的一些疑难小壳化石. 微体古生物学报，6(2)：111-127.

何原相，杨暹和，1986. 四川南江早寒武世早期的腔肠动物化石. 中国地质科学院成都地质矿产研究所刊，(7)：31-43

华洪，张录易，张子福，等，2001. 高家山生物群化石组合面貌及其特征. 地层学杂志，25(1)：2404-2409.

黄志诚，陈智娜，杨守业，等，1999. 中国南方灯影峡期海洋碳酸盐岩原始 δ^{13}C 和 δ^{18}O 组成及海水温度. 古地理学报，1(3)：1-7.

蒋志文，1980. 云南梅树村剖面梅树村阶单板类、腹足类动物群. 地质学报，2：112-123.

李国祥，陈均远，1992. 寒武纪早期帽状动物壳体 Lathamellids 类的微细构造及其系统分类. 古生物学报，31(4)：459-474.

李国祥，1999. 四川峨眉寒武纪早期的 CHANCELLORIIDS. 古生物学报，38(2)：238-247.

刘护军，樊双虎，胡健民，等，1993. 南化塘地区灯影组的暴露标志及其意义. 西安地质学院学报，15(增刊)：67-40.

刘怀仁，刘明星，胡登新，等，1991. 川西南上震旦统灯影组沉积期的暴露标志及其意义. 岩相古地理，(5)：1-10.

刘家军，刘建明，郑明华，等，1998. 利用岩石地球化学特征判断西秦岭寒武系含矿硅岩建造的沉积环境. 沉积学报，16(4)：42-49.

罗惠麟，蒋志文，武希彻，等，1985. 中国云南梅树村前寒武系-寒武系界线剖面. 科学通报，21：1650-1652.

罗惠麟，蒋志文，徐重九，等，1980. 云南晋宁梅树村、王家湾震旦系-寒武系界线研究. 地质学报，2：95-112.

罗惠麟，武希彻，欧阳麟，1991. 云南东部震旦系-寒武系界线地层的相变和横向对比. 岩相古地理，4：27-35.

马文辛，刘树根，陈翠华，等，2011. 渝东地区震旦系灯影组硅质岩地球化学特征. 矿物岩石地球化学通报，30(2)：160-171.

马叶情，林丽，庞艳春，等，2008. 四川峨眉麦地坪组白云岩有机地球化学特征. 成都理工大学学报(自然科学版)，35(3)：242-247.

马永生，陈洪德，王国力，2009. 中国南方构造-层序岩相古地理图集：震旦纪-新近纪. 北京：科学出版社.

Murray R W，1993. 美国加利福尼亚弗朗西斯杂岩和蒙特雷群中燧石的稀土元素、主元素和微量元素：海相细粒沉积物中稀土元素来源的确定. 董维全，张清，译. 地质地球化学，3：45-46.

聂文明，马东升，潘家永，等，2006. 黔中新元古代-早寒武世含磷岩系 $\delta^{13}C$ 变化及其古海洋意义. 南京大学学报(自然科学版)，42(3)：251-262.

庞艳春，付修根，王新利，等，2008. 川西昌台地区上三叠统勉戈组的双壳类 *Pergamidia-Halobia* 群落特征及古环境分析. 古生物学报，47(3)：341-351.

庞艳春，李德亮，马叶情，等，2012. 川西昌台勉戈组沉积岩系稀土特征. 矿物岩石，32(1)：101-106.

庞艳春，林丽，马叶情，等，2010. 川东北南江震旦系-寒武系界线岩层含矿性分析. 成都理工大学学报(自然科学版)，37(6)：599-604.

彭花明，郭福生，严兆彬，等，2006a. 浙江江山震旦系碳同位素异常及其地质意义. 地球化学，35(5)：577-585.

彭花明，朱志军，姜勇彪，等，2006b. 浙江江山灯影组碳、氧同位素特征. 岩石矿物学杂志，25(6)：499-454.

钱逸，余汶，刘第镛，等，1984. 云南晋宁梅树村震旦系-寒武系界线剖面再研究. 科学通报，15：928-931.

钱逸，朱茂炎，李国祥，等，2002. 华中西南区一条国际前寒武系与寒武系界线层型补充剖面. 古生物学报，41(1)：19-26.

钱逸，1999. 中国小壳化石分类学与生物地层学. 北京：科学出版社.

秦洪宾，丁莲芳，1988. 陕西西乡灯影组杨家沟段小壳化石. 微体古生物学报，5(2)：171-178.

施泽进，梁平，王勇，等，2011. 川东南地区灯影组葡萄石地球化学特征及成因分析. 岩石学报，27

（8）：2263-2271.

四川省地质局第二区测队，1965. 中华人民共和国1：20万区域地质测量报告南江幅.

四川省地质矿产局，成都理工大学南江区调大队，1995. 中华人民共和国1：5万区域地质调查报告曾家-盐井河-檬子-关坝-吴家垭-国华-楠木-南江县八幅.

孙省利，陈践发，刘文汇，等，2003. 海底热水活动与海相富有机质层形成的关系——以华北新元古界青白口系下马岭组为例. 地质论评，49(6)：588-595.

王东，王国芝，2010. 四川南江灯影组白云岩葡萄状构造成因分析. 四川地质学报，30(4)：454-456.

王夔，1992. 生命科学中的微量元素. 北京：中国计量出版社：38-41.

伍友佳，2004. 油藏地质学. 北京：石油工业出版社：26-28.

魏显贵，杜思清，何政伟，等，1997. 米仓山地区构造演化. 矿物岩石，(S1)：110-116.

武希彻，蒋志文，1989. 最早带壳动物化石外壳的矿物学特征. 微体古生物学报，6(2)：153-160.

向芳，陈洪德，张锦泉，1998. 资阳地区震旦系灯影组白云岩中葡萄花边的成因研究. 矿物岩石，18(增刊)：136-138.

熊小辉，肖加飞，2011. 沉积环境的地球化学示踪. 地球与环境，39(3)：405-414.

薛春纪，刘淑文，冯永忠，等，2005. 南秦岭旬阳盆地下古生界热水沉积成矿地球化学. 地质通报，24(10-11)：927-934.

严德天，陈代钊，王清晨，等，2009. 扬子地区奥陶系-志留系界线附近地球化学研究. 中国科学D辑：地球科学，39(3)：285-299

杨暹和，何原相，邓守和，1983. 四川南江地区震旦系-寒武系界线及小壳化石群. 中国地质科学院成都地质矿产研究所刊，4：91-110.

杨暹和，何廷贵，1984. 四川南江地区下寒武统梅树村阶小壳化石新属种. 地层古生物论文集(13)：35-47.

殷继成，丁莲芳，何廷贵，等，1980. 四川峨眉—甘洛地区震旦纪地层古生物及沉积环境. 成都：四川人民出版社.

余光模，梁斌，钟长洪，等，2010. 攀西宁南地区上震旦统灯影组麦地坪段C/O同位素特征和震旦系/寒武系界线的划分. 地质通报，29(6)：901-906.

余汶，1979. 湖北西部早寒武世最早期的单板类和腹足类及其生物地层学意义. 古生物学报，18(3)：233-274.

翟世奎，陈丽蓉，张海启，2001. 冲绳海槽的岩浆作用与海底热液活动. 北京：海洋出版社：146-248.

张厚福，方朝亮，高先志，等，1999. 石油地质学. 北京：石油工业出版社：86-87.

张俊明，李国祥，周传明，1997a. 滇东下寒武统含磷岩系底部火山喷发事件沉积及其意义. 地层学杂志，21(2)：91-100.

张俊明，李国祥，周传明，1997b. 滇东早寒武世梅树村期浅色粘土层的地球化学特征和地质意义. 岩石学报，13(1)：101-111.

张力强，顾雪祥，章永梅，等，2014. 西天山博罗科努地区古生代地层物源分析及构造意义. 矿物岩石地球化学通报，33(5)：582-599.

张录易，1986. 陕西宁强晚震旦世晚期高家山生物群的发现和初步研究. 中国地质科学院西安地质矿产研究所文集(13).

张录易，华洪，谢从瑞，2001. 新元古代末期高家山生物群研究新进展与展望. 中国地质，28(9)：19-24.

张同钢，储雪蕾，张启锐，等，2004. 扬子地台灯影组碳酸盐中的硫和碳同位素记录. 岩石学报，20(3)：717-724.

张荫本，1980. 震旦纪白云岩中的皮壳状构造成因初探. 石油实验地质，4：40-43.

张志斌，李忠权，李朝阳，等，2007. 中天山下石炭统马鞍桥组重结晶灰岩热水沉积成因的地球化学初步分析. 矿物岩石，27(2)：70-77.

赵兵，1999. 米仓山基底周缘震旦纪岩石地层及层序地层特征. 矿物岩石，19(3)：46-51.

赵一阳，翟世奎，李永植，等，1996. 冲绳海槽中部热水活动新纪录. 科学通报，41(14)：1307-1340.

朱茂炎，钱逸，蒋志文，等，1996. 小壳化石保存、壳壁成分和显微构造初探. 微体古生物学报，13(3)：241-254.

Adachi M，Yamamoto K，Sulgsk R，1986. Hydrothermal chert and associated sillceous rocks from the Northern Paclfic：their Geological significance as indication of ocean ridge activity. Sedimentary Geology，47(1-2)：125-148.

Bhatia M R，1983. Plate tectonics and geochemical composition of sandstones. Journal of Geology，91：611-627.

Boström K，1983. Genesis of ferromagnese deposits-diagenostic criteria for recent and deposits // Rona P A，Hydrothermal Processes at Seafloor Spreading Centers. New York：Plenum Press，473-489.

Chen Y Q，Jiang S Y，Ling H F，et al，2007. Isotopic compositions of small shelly fossil Anabarites from Lower Cambrian in Yangtze Platform of South China：Implications for palaeocean temperature. Progress in Natural Science，17：1185-1191.

Cook P J，1992. Phosphogenesis around the Proterorzoic Phanerozoic transition. Journal of the Geological Soceity，149：615-620.

Feng W M，Chen Z，Sun W G，2002. Diversification of skeletal microstructures of organisms through the interval from the latest Precambrian to the Early Cambrian. Science China (Series D) 32，850-856.

Fouquet Y，Vonstackelberg U，Charlou L，et al，1991. Hydrothermal activity at the metallogenesis in the Lau back-arc basin. Nature，349：778-781.

Kimura Hiroto，Watanabe，2001. Oceanic anoxia at the Precambrian-Cambrian boundary. Geology，29(11)：995-998.

Kouchinsky A V，Bengston S，Vladimir P，et al，2007. Carbon isotope stratigraphy of the Precambrian-Cambrian sukharikha river section，northwestern Siberian platform. Geol. Mag. ，144(4)：609-618.

Kouchinsky A V，Bengtson S，Runnegar B，et al，2012. Chronology of early Cambrian biomineralization. Geol. Mag. ，149(2) ：221-251.

Ling H F，Feng H Z，Pan J Y，et al，2007. Carbon isotope variation through theNeoproterozoic Doushantuo and Dengying formations，south China：implications for chemostratigraphy and paleoenvironmental change. Palaeogeography，paleoclimatology，palaeoecology，254：158-174.

McLennan S M，Taylor S R，1980. Th and U in sedimentary rocks：Crustal evolution and sedimentary recycling. Nature，285(5767)：624-625.

Meyer M，Schiffbauer J D，Xiao S H，et al，2012. Taphonomy of the upper ediacaran enigmatic ribbonlike fossil Shanxilithes. Palaios，27：354-372.

Pang Y C，Steiner M，Shen C，et al，2017. Shell composition of Terreneuvian tubular fossils from North-East Sichuan，China. Palaeontology，60(1)：15-26.

Paola D L，Enrico D，Giovanni M，et al，2002. Geology and geochemistry of Jurassic sediments，Seisti silicei Formation，southern Apennines，Italy. Sedimentary Geology：150，229-246.

Rona P A, 1978. Criteria forrecognition of hydrothermal mineral depotis in oceanic. Economic Geology, 73 (2): 135-160.

Roser B P, Korsch R J, 1986. Determination of tectonic setting of sandstone-mudstone suites using SiO_2 content and K_2O/Na_2O ratio. Journal of Geology, 94: 635-650.

Sato Tomohiko Sato, Isozaki Yukio, Hitachi Takahiko, et al, 2014. A unique condition for early diversification of small shelly fossils in the lowermost Cambrian in Chengjiang, South China: Enrichment of phosphorus restricted embayments. Gondwana Research, (25): 1139-1152.

Siegmund H, 1997. The Ocruranus-Eohalobia group of small shelly fossils from the Lower Cambrian of Yunnan. Lethaia, 30: 285-291.

Steiner M, Li G X, Qian Y, et al, 2004. Lower Cambrian small shelly fossils of Northern Sichuan and southern Shanxi(China), and their biostratigraphic importance. Geobios, 37: 259-275.

Vendrasco M J, Li G X, Porter S M, et al, 2009. New data on the enigmatic Ocruranus-Eohalobia group of Early Cambrian small skeletal fossils. Palaeontology 52, 1373-1396.

Wen H J, Carignan J, Zhang Y X, et al, 2011. Molybdenum isotopic records across the Precambrian-Cambrian boundary. Geology, 39(8): 775-778.

Wigall P B, Twitchett R J, 1996. Oceannic anoxia and the end Premian mass extinction. Science, 272: 1155-1158.

Yu W, 1988. New advances in the study of earliest cambrian molluscan fauna of China. Kexue Tongbao, 33 (18): 1555-1557.

Yue Z, Bengtson S, 1999. Embryonic and post-embryonic development of the early Cambrian cnidarian. Lethaia, 32: 181-195.

图版说明及图版

　　所有标本均保存在成都理工大学沉积地质研究院古生物地史学研究室。图版Ⅰ、图版Ⅱ、图版Ⅲ和图版Ⅳ中的化石，线段比例尺的长度均为 0.2mm。

图版Ⅰ

1，2. 闪烁小软舌螺 *Hyolithellus micans*

　　1. 侧视。线段比例尺为 0.2mm。采集号：NSQ6；登记号：S036－37。川北南江沙滩剖面，灯影组磨坊岩段。

　　2. 侧视。线段比例尺为 0.2mm。采集号：NSQ6；登记号：S036－37。川北南江沙滩剖面，灯影组磨坊岩段。

3，4. 长锥圆管螺 *Circotheca longiconia*

　　3a. 侧视，3b 为横切面。线段比例尺为 0.2mm。采集号：NSQ6；登记号：S034。产地与层位同上。

　　4. 侧视。线段比例尺为 0.2mm。采集号：NSQ6；登记号：S034。产地与层位同上。

5，6. 短小圆管螺 *Circotheca nana*

　　5. 侧视。线段比例尺为 0.2mm。采集号：NSQ6；登记号：S023。产地与层位同上。

　　6. 侧视。线段比例尺为 0.2mm。采集号：NSQ6；登记号：S023。产地与层位同上。

7，8. 弯圆管螺 *Circotheca subcurvata*

　　7. 侧视。线段比例尺为 0.5mm。采集号：NC01－04。川北南江长滩河剖面，灯影组新立段。

　　8. 侧视。线段比例尺为 1.0mm。采集号：NC01－04。川北南江长滩河剖面，灯影组新立段。

9. 光滑椭口螺 *Turcutheca lubrica*

　　侧视。线段比例尺为 0.2mm。采集号：NSQ6；登记号：S024。川北南江沙滩剖面，灯影组磨坊岩段。

10. 奇特拟球管螺 *Paragloborilus mirus*

　　　侧视。线段比例尺为 0.2mm。采集号：NSQ6；登记号：S024。产地与层位同上。

11. 房县旋纹管 *Coleolella fangxianensis*

　　　侧视。线段比例尺为 0.2mm。采集号：NSQ6；登记号：S025。产地与层位同上。

12. 六方螺锥 *Verticisoconns hexangnlaris*

　　　背视。线段比例尺为 0.2mm。采集号：NSQ6；登记号：S002。产地与层位同上。

13，14. 古中槽壳 *Paleosulcachites disuclatus*

　　　13. 凹面视。线段比例尺为 0.2mm。采集号：NSQ6；登记号：S013。产地与层位同上。

　　　14. 凹面视。线段比例尺为 0.2mm。采集号：NSQ6；登记号：S013。产地与层位同上。

15，16. 阿纳巴尔原始赫兹利刺 *Protoherzina anabarica*

　　　15. 侧视。线段比例尺为 0.2mm。采集号：NSQ6；登记号：S015。产地与层位同上。

　　　16. 侧视。线段比例尺为 0.2mm。采集号：NSQ6；登记号：S015。产地与层位同上。

17. 不规则马边虫管 *Mabiania irregularis*

　　　侧视。线段比例尺为 0.2mm。采集号：NSQ6；登记号：S033。产地与层位同上。

18，19. 疑难管类化石

　　　18. 侧视。线段比例尺为 0.2mm。采集号：NSQ6；登记号：S035。产地与层位同上。

　　　19. 侧视。线段比例尺为 0.2mm。采集号：NSQ6；登记号：S031。产地与层位同上。

20. 裂口棒形骨 *Rhadochites scissus*

　　　侧视。线段比例尺为 0.2mm。采集号：NSQ6；登记号：S041。产地与层位同上。

21. 角形峨边管螺 *Ebiamothea cornaformis*

　　　侧视。线段比例尺为 0.2mm。采集号：NSQ6；登记号：S021。产地与层位同上。

22. 贵州拟织金钉 *Parazhijinites guizhouensis*

侧视。线段比例尺为 0.2mm。采集号：NSQ6；登记号：S044。产地与层位同上。

23. 骨针

侧视。线段比例尺为 0.2mm。采集号：NSQ6；登记号：S041。产地与层位同上。

24. 光滑织金钉 *Zhijinites lubricus*

侧视。线段比例尺为 0.2mm。采集号：NSQ6；登记号：S044。产地与层位同上。

图版 II

1. 龟形峨眉螺 *Emeithella testudinaris*

背视。线段比例尺为 0.1mm。采集号：NSQ6；登记号：S067。产地与层位同上。

2，3. 宽脊拟鳞锥 *Ramentoides latispinus*

2a 背视，2b 背内视。线段比例尺为 0.2mm。采集号：NSQ6 ；登记号：S062。产地与层位同上。

3a 背视，3b 侧视。线段比例尺为 0.2mm。采集号：NSQ6 ；登记号：S062。产地与层位同上。

4，5. *Igorella* sp. 伊戈尔锥未定种

4a 背视，4b 背内视。线段比例尺为 0.2mm。采集号：NSQ6；登记号：S062。产地与层位同上。

5. 背视。线段比例尺为 0.2mm。采集号：NSQ6；登记号：S062。产地与层位同上。

6，7，8. 扁圆伊戈尔锥 *Igorella oblatis*

6a 背视，6b 侧视。线段比例尺为 0.2mm。采集号：NSQ6；登记号：S062。产地与层位同上。

7a 背视，7b 侧视。线段比例尺为 0.2mm。采集号：NSQ6；登记号：S062。产地与层位同上。

8a 背视，8b 侧视。线段比例尺为 0.2mm。采集号：NSQ6；登记号：S062。产地与层位同上。

图版 III

1. 少肋伊戈尔锥 *Igorella mioribis*

1a 背视 1b 侧视。线段比例尺为 0.2mm。采集号：NSQ6；登记号：S063。

产地与层位同上。

2，3. 洁净螺未定种 *Purella* sp.

2. 背视。线段比例尺为 0.2mm。采集号：NSQ6；登记号：S062。产地与层位同上。

3. 背视。线段比例尺为 0.2mm。采集号：NSQ6；登记号：S062。产地与层位同上。

4. 多节节壳 *Merimoconcha multisementata*

4a 背视，4b 背内视。线段比例尺为 0.2mm。采集号：NSQ6；登记号：S063。产地与层位同上。

5. 雨碌条纹锥 *Striatoconus yuluensis*

顶视。线段比例尺为 0.2mm。采集号：NSQ6；登记号：S064。产地与层位同上。

6. *Ocruranus finial*

顶视。线段比例尺为 0.2mm。采集号：NSQ6；登记号：S045。产地与层位同上。

7. 海拉尔特壳未定种 *Heraultipegma* sp.

侧视。线段比例尺为 0.2mm。采集号：NSQ6；登记号：S065。产地与层位同上。

8，9. 少肋钝锥属 *Obtusoconus paucicostatus*.

8. 侧视。线段比例尺为 0.2mm。采集号：NSQ6；登记号：S068。产地与层位同上。

9. 侧视。线段比例尺为 0.2mm。采集号：NSQ6；登记号：S068。产地与层位同上。

10. ？介形虫

左视。线段比例尺为 0.2mm。采集号：NSQ6；登记号：S069。产地与层位同上。

11. 太阳女神螺未定种 *Helcionellidae* sp.

顶视。线段比例尺为 0.2mm。采集号：NSQ6；登记号：S077。产地与层位同上。

图版 IV

1-3. *Maikhanella multa*

1. 顶视。线段比例尺为 0.2mm。采集号：NC01-04。川北南江长滩河剖面，灯影组新立段。

2. 顶视。线段比例尺为 0.2mm。采集号：NC01－04。川北南江长滩河剖面，灯影组新立段。

3. 顶视。线段比例尺为 0.2mm。采集号：NC01－04。川北南江长滩河剖面，灯影组新立段。

4，8，10. 阿尔泰开腔骨针 *Chancelloria altaica*

　　4. 反口面视。线段比例尺为 0.2mm。采集号：NSQ6；登记号：S051。川北南江沙滩剖面，灯影组磨坊岩段。产地与层位同上。

　　8. 反口面视。线段比例尺为 0.2mm。采集号：NSQ6；登记号：S053。产地与层位同上。

　　10. 口面视。线段比例尺为 0.2mm。采集号：NSQ6；登记号：S051。川北南江沙滩剖面，灯影组磨坊岩段。产地与层位同上。

5，6. 不规则开腔骨 *Chancelloria irregularius*

　　5. 反口面视，反口面视。线段比例尺为 0.2mm。采集号：NSQ6；登记号：S052。产地与层位同上。

　　6. 反口面视，反口面视。线段比例尺为 0.2mm。采集号：NSQ6；登记号：S052。产地与层位同上。

7，9. 具刺变态骨 *Amoebinella echinata*

　　7. 反口面视。线段比例尺为 0.2mm。采集号：NSQ6；登记号：S053。产地与层位同上。

　　9. 口面视。线段比例尺为 0.2mm。采集号：NSQ6；登记号：S053。产地与层位同上。

11. *Purella* cf. *squamulosa*

　　侧视。线段比例尺为 0.2mm。采集号：NSQ6；登记号：S065。产地与层位同上。

12，13. 小坑橄榄球壳近似种 *Olivooides* cf. *alveus*

　　12. 线段比例尺为 0.1mm。采集号：NSQ6；登记号：S045。产地与层位同上。

　　13. 线段比例尺为 0.1mm。采集号：NSQ6；登记号：S045。产地与层位同上。

14. 肥胖峨边螺 *Ebianella pinguitia*

　　侧视。线段比例尺为 0.1mm。采集号：NSQ6；登记号：S076。产地与层位同上。

图版 V

1，2. 肾形藻属 *Renalcis*

    1. 单偏光；2. 正交偏光。岩石采集号：NYD3－1。川北南江杨坝剖面，灯影组藻白云岩段。

3，4. 紧密斑点藻 *Blios conferus*

    3. 单偏光；4. 正交偏光。岩石采集号：NYD3－2。产地与层位同上。

5，6. 平谷斑点藻 *Balios pinguensis*

    5. 单偏光；6. 正交偏光。岩石采集号：SNYS04。产地与层位同上。

图版 I

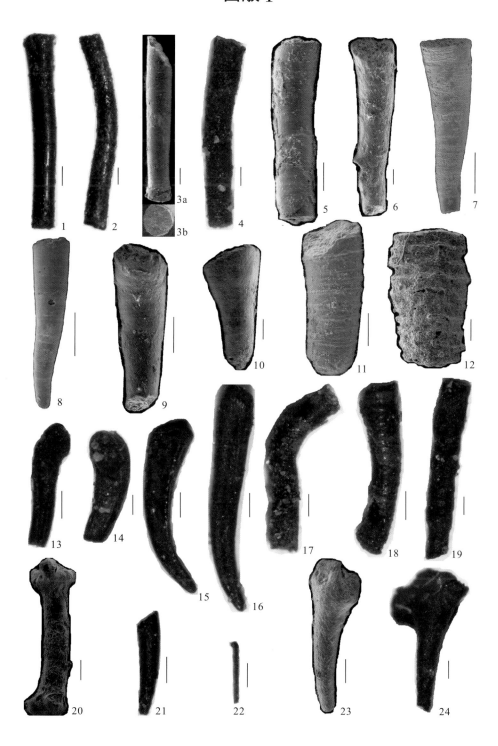

图版 Ⅱ

图版 Ⅲ

图版 Ⅳ

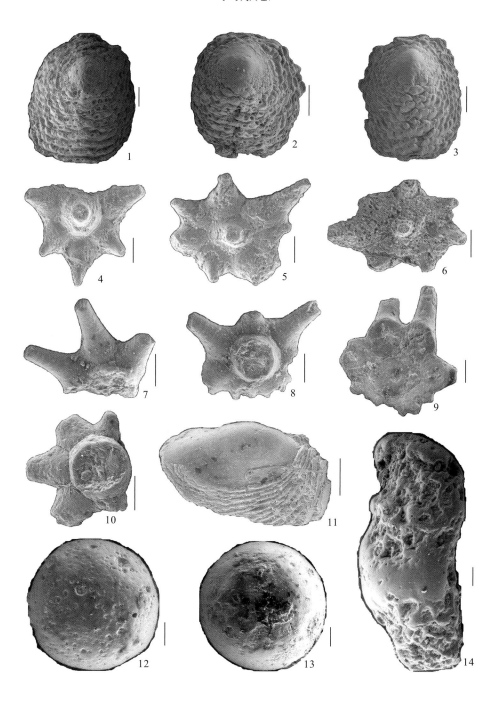

图版 V

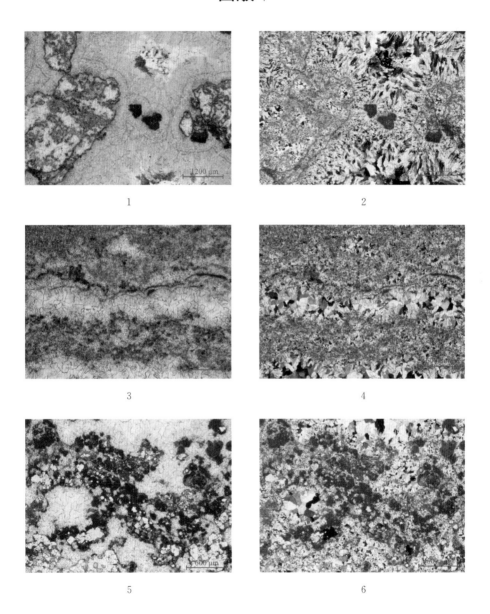

1

2

3

4

5

6